AMANDATAS

曼 食 慢 语

美食曼一点，生活慢一点
—

曼达 编著

中国轻工业出版社

序言

2013 年 5 月 16 号，看起来是个普普通通的日子，对我来说却是一个全新的开始。那天我在网络上上传了我拍摄制作的第一个美食教学视频，跟互联网上的陌生人分享我平日爱做的一道菜：意式火腿卷白芦笋。自那之后，我都在持续不断地做这件事，把我在下厨过程中体会到的快乐，和我在厨房里学习到的知识与大家分享。

最初做这件事的动机是非常单纯的，那时候我在英国学习和生活，有机会接触到英国、欧洲乃至全世界的美食文化，让我在吃这件事上拥有了更开阔的眼界和更包容的心态。许多留学生都苦于英国食物的单调和匮乏，但我希望用更积极的态度去看待饮食文化上的差异。在结束求学生涯一段时间后，我终于不再需要频繁搬家，过上了比较安稳的日子，也终于有条件把厨房按照自己的喜好进行布局，从此开启了一段煮妇生涯。

平日里，我身边有许多同龄或是不同龄的朋友，大家都热爱美食，却对下厨望而却步。可能在许多不熟悉厨房的朋友眼中，厨房是一个油腻、混乱、危险的场所。但在我眼中，厨房是这世上最奇妙的创作空间。形态各异、味道不一的各色食材，在掌厨人的手中变成令人感动的美味，这个过程和任何创作——不论是艺术还是文学——相比都毫不逊色。厨房更是这世上最先进的实验室，火、油脂、水、蛋白质、糖……这些元素在各种物理化学作用下进行反应和重组，构成美味的核心。这个过程值得每一个热爱美食的人去追寻和探索。

在拍摄美食教学视频的时候，我总是希望能让大家感受到下厨的快乐，这快乐可能来自成功做出一道美食的成就感，也可能无关结果，而来自下厨本身。这本书也是一样。回顾这些年来我做过的所有菜谱，从中选出了94道我认为在日常生活中大家最有可能会尝试去做的菜。

这本书的主题是家常菜，但我希望它传达给大家的，能远远不止这94道家常菜。下厨时我不会拘泥于传统做法和传统食材，而是去寻找能让一道菜最美味的食材搭配方式，或是让一道菜做起来最简单的操作步骤。在这个原则下，每一道菜谱，我都反复调试和打磨过；给出的每一个食材的用量，也都有考虑到口味的平衡性和菜谱的成功率。每一个步骤，我都尽量写出详细的步骤。除了这些细节外，我还在关键的步骤上给出了"为什么要这么做，不这么做会发生什么问题"这样的解释。希望大家每学会一道菜，都不仅仅是一道菜，而是一个完整的知识体系；每做出一道菜，也不仅仅是一道菜，而是一段快乐的下厨历程。

书中每道菜都有附一个二维码，扫码后即可观看教学视频。大家可以先看看视频，这样能以最直观的方式快速了解这道菜的做法，而那些因视频时长有限没有详尽说明的步骤细节，都可以在文字中找到。希望这本书能给大家的日常餐桌带来一些灵感，给下厨的过程带来一丝新意。愿大家都能慢享生活、轻享烹饪。

曼达

Content 目录

Part 1
家禽美味

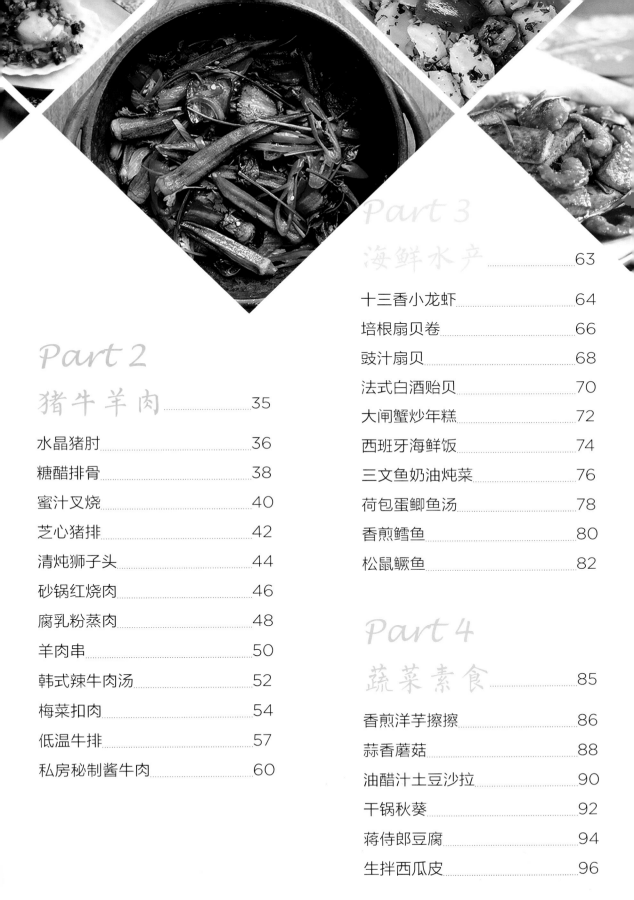

Content 目录

Part 5

Part 6

Part 7

Content 目录

Part 1

家禽美味

葱油鸡

葱油鸡是用水浸熟的，所谓浸就是开着最小的火，让锅里的水保持将沸未沸的状态，让鸡腿在不到100℃的水温里浸泡至熟。浸熟的鸡肉肉质不散，滑嫩多汁，鲜味也不会流失到汤里。煮溏心蛋时也可以用这个方法，能煮出蛋白软嫩、蛋黄半熟的完美状态。

不过，要保持水温将沸未沸，对火候和锅具都有一定要求。火力要能精准控温，锅体也要能均匀传热、长时间保温。若是达不到，也有另一种办法：煮到水沸腾后关火，然后在水温降下来后再次煮沸，这样人为地控制温度，虽麻烦，但效果也是很好的。

原料

鸡腿	2只（约600克）
葱	60克
姜	1小块
花椒	1小勺
料酒	1大勺
植物油	6大勺
盐	适量

Tips

1. 煮鸡腿时若火候不好掌握，也可以在沸水中用中火煮10分钟后关火，继续闷15~20分钟。具体时间取决于鸡腿的大小。

2. 煮好的鸡腿用叉子插入最厚的关节连接处，若无血水就说明已煮熟。

3. 淋上葱油汁后可以冷藏一会儿再吃，这样鸡肉能更入味。

1. 将葱白切成片，姜切片，葱叶切成碎葱花。

2. 擦1大勺姜蓉，加入葱花和1小撮盐拌匀。

3. 锅中水开后放入鸡腿、葱白、姜片和料酒，再次煮开后转最小火，保持水将沸未沸，盖上锅盖煮25~30分钟。

4. 冷油炒葱白，葱白变焦黄时倒入花椒粒，出香味后关火。

5. 将热葱油浇在葱花上，拌匀待用。

6. 鸡腿煮熟后趁热在两面均匀地抹上适量盐。放入保鲜袋密封，浸在冰水中冷却。

7. 取三四大勺鸡汤与葱油混合，拌匀，即为葱油汁。

8. 将彻底冷却的鸡腿取出，切成小块，淋上葱油汁即可。

日式炸鸡

炸鸡虽是随处可见的普通小吃，但是好吃的日式炸鸡应该有酥脆不油腻的外壳，一口咬下去，鸡肉鲜嫩多汁，一定要有种肉汁喷薄而出的感觉才对哦！此时，有这样一盘炸鸡摆在面前，不配瓶啤酒怎么能行呢？

原料

鸡腿肉	300 克	蒜蓉	1 小勺
生抽	1 大勺	姜蓉	1 小勺
清酒	1/2 大勺	鸡蛋	1/2 个
味酥	1/2 大勺	土豆淀粉	3 大勺
盐	1 小撮	花椒粉	1 小撮
白胡椒	1 小撮		

Tips

1. 复炸鸡腿肉可以让其口感更脆，减少油腻感，但此时油温很高，要注意火候。

2. 鸡腿肉下锅后会先沉底，不要着急，要等鸡腿肉自己浮上来再拨动，避免破坏鸡肉外层的面糊。

3. 锅不够大的话，要将鸡腿肉分批下锅，尽量保持锅内油温不会骤降。

1. 将带皮鸡腿肉切成小块，加入所有调料拌匀，腌制半小时。

2. 加入蛋液、土豆淀粉拌匀上浆。

3. 倒油，烧至五成热（约150℃）。

4. 将鸡腿肉分批下锅炸二三分钟。

5. 将鸡腿肉捞出后，将锅内油重新烧至七成热（约200℃）。

6. 下鸡块复炸20~30秒即可捞出。

圣诞烤鸡

在崇尚基督教文化的地方，人们会在这一天与家人团聚。在国内，虽然大多数人不太关心耶稣他老人家，但圣诞节可是个完美的聚餐理由啊！在家准备个轰趴，邀请朋友们来，聚在一起吃吃喝喝，这样的感觉真的不能更开心了！

原料

		腌鸡用盐水	
鸡	1 只		
	（1~1.5 千克）		
洋葱	1/2 个	清水	400 毫升
剥皮熟栗子	200 克	啤酒	10 毫升
八角	2 个	生抽	1 大勺
百里香	1 把	蒜	5 瓣
香叶	3~4 片	盐	28 克
黄油	15 克	白糖	14 克
蜂蜜	1 大勺	香叶	5 片
生抽	1 大勺	八角	2 个
啤酒	1/2 罐		

1. 清水中加入啤酒、生抽、拍破的蒜瓣、香叶、八角、盐和白糖，煮开后室温冷却放凉。

2. 整只鸡放进保鲜袋，倒入盐水，挤出袋内空气后密封。放进冰箱冷藏隔夜。

3. 腌过的鸡擦干，将 1/4 个洋葱塞进鸡肚子。预热烤箱至 90℃。

4. 将剩下的洋葱切大块，和蒜、栗子、八角、百里香、香叶放进烤盘，倒入啤酒半没过食材。

5. 在鸡身表面均匀地抹上软化黄油。

6. 将鸡腿和鸡翅用锡纸包裹，鸡胸朝上，尽量让鸡胸处于水平状态，放进烤箱。90℃烤三四个小时（时长取决于鸡的大小）。

7. 摸一下鸡皮，当表皮干燥、收紧时，将鸡从烤箱端出。将烤箱温度调高至 220℃。

8. 将蜂蜜和生抽混合，刷在鸡表面。

9. 开热风功能，烤 20 分钟，鸡表面上色之后出炉。

辣烤鸡翅

Peri-Peri 是一种产自南非的辣椒，也叫非洲鸟眼辣椒。让这种辣椒开始闻名于全世界的，是葡萄牙人开的连锁烤鸡餐厅 Nando's。第一家 Nando's 由葡萄牙人开在南非，发展到今天，已经在全世界有 1031 家分店了。传说能吃遍全球所有分店，就能获得一张 Nando's 的黑卡，凭此卡可以终生免费吃烤鸡。

其实不用走遍全球 1000 多家分店，自己在家做该店的招牌 Peri-Peri 鸡翅也简单得不得了。超市里就能买到 Nando's 的腌鸡酱料，直接买回家把鸡翅腌制隔夜，再烤得皮焦肉嫩就好了。

仔细研究一下市售酱料的配料表，其实就能很清楚地知道大概有些什么材料。最重要的 Peri-Peri 辣椒一般买不到原产地是南非的，不过可以用普通的泰国鸟眼辣椒、小米辣或是朝天椒代替。配料表中还包括柠檬、蒜头、红椒等。

按照下面给出的比例，可以一次多做些 Peri-Peri 辣酱，用来腌各种肉都可以。还可以把生的辣酱煮熟，就变成万能的辣椒蘸料了，搭配各种烧烤都很不错。Nando's 也卖腌制和蘸料两种不同的辣酱，其实配方大同小异。

原料

鸡全翅	5 个 约 600 克	橄榄油	2 大勺
		红辣椒粉	1 大勺
鸟眼辣椒	5 个	整粒黑胡椒	1/2 小勺
蒜	4 瓣	蜂蜜	1 大勺
柠檬	1 个	盐	适量

1. 将去蒂的辣椒、整粒黑胡椒、盐和去皮的蒜瓣放入石臼捣碎。

2. 加入红椒粉、橄榄油，1/2 个柠檬的皮擦碎，挤出柠檬汁，一起放入石臼研磨成泥。

3. 倒入蜂蜜，拌匀，辣椒酱就做好了。

4. 把鸡翅放进保鲜袋中，倒进辣椒酱，用手揉搓，让鸡翅表面均匀沾满酱料，密封后放进冰箱，腌制一晚。

5. 将烤箱预热至 220℃。腌好的鸡翅翅尖用锡纸包裹。鸡翅排列在烤盘上。

6. 烤 8 分钟，取出后翻面，再继续烤 8~10 分钟即可。

椒麻鸡

椒麻鸡是新疆菜，确切来说是新疆融合菜。选肥嫩的童子鸡，用椒盐腌制入味，放入锅中煮到鸡肉刚刚熟，而骨头还欠一成火候的时候就关火。若骨头也煮到全熟，鸡肉里的汁水就不免要损失一些了。煮好的鸡立刻浸入冰水中，让鸡皮迅速收缩，形成一种"脆"的口感。调味时花椒是重头戏，毕竟名字叫椒麻鸡，麻在这里作为重要的味觉呈现。说起麻油，大部分人会想到芝麻油，但在西北很多地方，大家会用麻油来指代花椒油。花椒在口中那个酥麻的感觉，能更加衬托出鸡肉的鲜和香，让人食欲大开，吃到舌尖发麻也停不下来。

原料

童子鸡	1 只
	约 500 克
花椒粉	2 小勺
紫洋葱	半个
青椒	1 个
朝天椒	1 个
蒜蓉	1 小勺
葱花	1 大勺
盐	适量

酱汁

花椒油	2 大勺
生抽	2 大勺
醋	1 大勺
白糖	1 小撮
白胡椒	1 小撮
盐	适量

Tips

1. 选用童子鸡或者三黄鸡都可以。
2. 熬花椒油注意火候，以免熬出苦味。

1. 鸡表面抹上盐、花椒粉，揉搓之后腌制至少 1小时。

2. 洋葱切片，青椒切丝，朝天椒切圈。

3. 热油浇在花椒上，开小火熬1分钟左右把油滤出来。

4. 放凉的花椒油和生抽、醋、盐、白糖、白胡椒混合成酱汁备用。

5. 腌好的鸡放到滚水里小火煮25分钟左右。

6. 鸡煮熟之后浸泡到冰水中。

7. 盘子里摆一些青椒丝和洋葱片，煮熟的鸡切块，整齐地摆盘在蔬菜上。

8. 酱汁淋在切好的鸡上，撒上葱花、蒜蓉和朝天椒圈，少量油烧至有点冒白烟，浇在鸡块上即可。

猪肚鸡

季节交替时，忽冷忽热的天气总让人觉得很尴尬，穿多了会热，穿少了会冷，一言不合还下雨，稍微不小心就着凉感冒。而且总是睡不醒，蔫蔫的状态很差……这时候喝碗热热的汤就会有种被激活的感觉。

今天就来炖1锅胡椒猪肚鸡，胡椒辛热，能驱寒，还能缓解食欲不振。自家炖的猪肚鸡汤鲜美浓郁，不会过于油腻，也没有餐厅里很难避免的味精味儿，一碗下肚活力满满。

原料

猪肚	1个（约550克）	枸杞	1大勺
盐	适量	白胡椒粒	2大勺
白醋	适量	黄芪	3克
面粉	适量	当归	3克
姜	1大块	党参	10克
童子鸡	1只（约600克）	白胡椒粉	适量
红枣	6个		

1. 在猪肚上撒盐、白醋和面粉，戴上手套揉搓后，放在流水下冲洗干净。

2. 切除猪肚表面多余的油脂，鸡去除头、指甲和屁股。

3.将鸡翅尖别在鸡背后，鸡爪塞进肚子，让鸡呈蜷缩状，塞进处理好的猪肚里。用竹扦封口。

4.将包着鸡的猪肚放在一大锅清水中，用大火煮开，焯去血沫。

5.姜切片，将党参、当归、黄芪和白胡椒粒放进茶包里。

6.将猪肚鸡从沸水中捞出，移至炖锅中，姜片和茶包放进炖锅，倒入热水没过食材。

7.大火煮开之后转小火，炖 2.5 小时，待猪肚完全软烂后捞出。

8.拆掉猪肚上的竹扦，划开猪肚，取出整只鸡，将猪肚逆纹切成条。

9.撇去汤表面的浮油，把鸡和切好的猪肚放回汤里，再放入一些红枣和枸杞。

10.加盐调味，加稍微多一点儿的白胡椒粉。稍微炖煮至红枣略软，即可。

Tips

1. 用面粉处理猪肚，可以带走猪肚上的黏液和脏物。

2. 猪肚的外面和里面有很多褶皱，要仔细将每个褶皱都揉搓到，彻底冲洗干净。

3. 在锅盖与锅体相接的凹陷处加凉水，水在蒸发过程中会带走热量，能让汤锅中保持均匀而较低的温度，炖汤味道会更香，也可在锅盖上扣一个大小适中的盘子。

韩式参鸡汤

据说韩国人喜欢在三伏天喝参鸡汤。韩国农民在夏天会格外辛苦地劳作，他们认为在炎夏和暴晒的折磨下，精力也会随着汗液流走。所以在三伏天，最适合用参鸡汤补充体力。

除了鸡和人参外，韩国人还会在鸡腹里填塞糯米和蒜头。炖好的糯米非常绵软，又吸收了满满的各种食材香气，可算是整道菜的精华所在。

原料

嫩鸡	1只
白参	50克
糯米	60克
红枣	7个
蒜	7瓣
姜	1大块
葱	3根
盐	适量

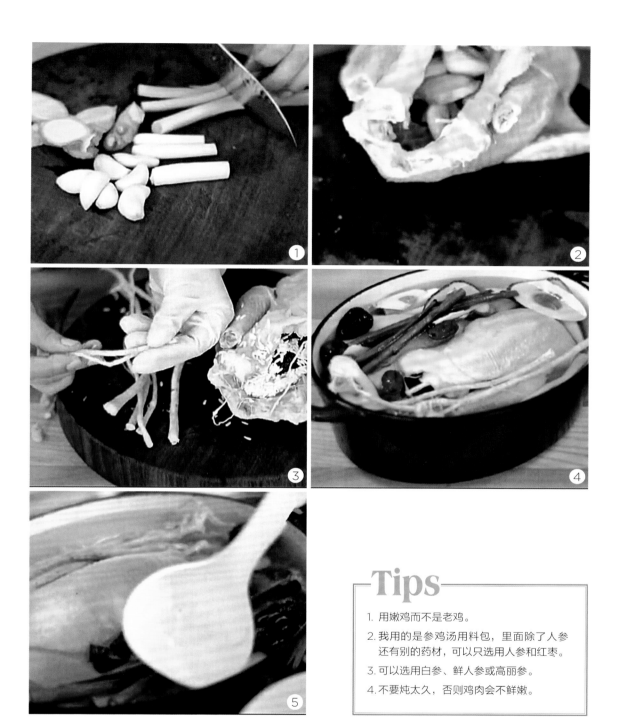

1. 将糯米用清水浸泡一两个小时。蒜去皮，姜切片，葱切寸段。

2. 将大部分的葱、姜、蒜与泡好的糯米和 4 个红枣塞进鸡腹里。

3. 将人参去头，取一半塞进鸡腹内。

4. 将鸡放在炖锅中，放入之前留下的葱、姜、蒜、红枣、人参，加清水没过食材。

5. 大火烧开后撇去浮沫，转最小火炖 1 小时左右，起锅前加盐调味即可。

咸酥鸡翅根

油炸食品最吸引人的就是酥香干脆的口感，要做到这一点关键在于控制水分。所以油温要掌握好，让食物可以在高温下迅速脱水。一般的油炸食品都要炸两次，第一次让食材定形、变熟，第二次提高温度复炸，逼出食材在第一次炸时吸收的油脂。

炸香外壳的同时，食材内部的水分也不能流失掉，所以油炸的食材都要裹粉或上浆。一般来说有裹面包屑、面糊或是干粉的。炸鸡我喜欢裹干粉，面包屑也能有干脆的效果。但我个人觉得，因为鸡翅本身就有皮和油脂，再裹上厚厚的一层面包屑会增加厚重感。

在面粉中兑入一半的大米粉，可以使炸鸡的外皮吸油量减少，吃起来完全没有油腻感，即使变凉也能保持外皮酥脆。

原料

鸡翅根	500 克
面粉	30 克
米粉	30 克
鸡蛋	1 个
蒜	2 瓣
姜	1 小块
料酒	1 大勺
生抽	1 大勺
五香粉	1 小勺
白胡椒粉	1 小勺
盐	适量

Tips

1. 米粉可使炸鸡的外壳更加酥脆、干香，可以用面粉代替。

2. 注意要用大米磨成的粉，不要用糯米粉。

3. 筷子伸进去会产生大量细密的气泡，说明油温是六七成热。

4. 鸡翅裹好粉后回潮，可以避免炸的时候脱浆。

5. 炸鸡时油温要高，油温太低会让炸鸡吃油，下油锅炸的时候每次也不宜放入太多鸡翅。

6. 提高油温复炸可以逼出炸鸡多余的油分，让炸鸡外壳更加干爽、不油腻。

1. 将蒜和姜切成细末待用。

2. 用小刀切断鸡翅根末端骨肉相连的白筋，将肉推向一侧成鼓槌状。

3. 往翅根中倒入 1/3 的五香粉和白胡椒粉，再倒入料酒和生抽，放入姜、蒜末拌匀，腌制半小时以上。

4. 将面粉和米粉拌匀，再倒入 1/3 的五香粉和白胡椒粉，拌匀即成炸粉。将鸡蛋打散待用。

5. 把腌制过的鸡翅根表面均匀地蘸炸粉、蛋液，再裹一层炸粉，用手略按压后抖掉多余炸粉待用。

6. 锅内倒入半锅油，开大火烧热至六七成热时，将鸡翅根下锅油炸。

7. 炸约 3 分钟至表面浅金黄色时捞出，继续开火，让油温回升。

8. 约 30 秒后待油温升高时，再将鸡翅根回锅炸半分钟到 1 分钟，至表面金黄，即可出锅沥油。

9. 将剩下的 1/3 五香粉和白胡椒粉混合，倒入 1 小撮盐拌匀，撒在鸡翅根上即可。

葱姜盐焗童子鸡

盐焗是我很喜欢的一种料理方法，用大量的粗盐把食物包裹在内焗烤，方便又简单。盐既是调味料，同时又是传导热量的载体。用盐来传热的一大好处就是热容量很大，而放热时降温很慢，保温效果极好。用盐直接接触食物提供热量，可以让食材最大程度地受热均匀，保留原味。而盐的另一特性是可以吸收食物熟时产生的水蒸气，保持表面干燥，同时潮湿的盐在高温下可以自然渗透进食物里。盐焗童子鸡，外皮咸香紧缩，内里多汁软嫩。葱姜的香气和鸡肉的鲜美被厚厚的一层粗盐紧锁在内，并被完全保留下来。

原料

童子鸡	1 只
	约 450 克
拇指大的姜	2 块
葱	2 小把
粗盐	1 千克
生抽	适量
白糖	适量
清水	适量

Tips

1. 鸡身要彻底擦干后再盐焗。

2. 锡纸包不要密封，要留有蒸气出口。

3. 烤 50 分钟后将鸡取出来检查一下，如果觉得外皮上色不够，可以去掉上层的海盐，将温度调高至 220℃再烤几分钟上色。

4. 烤好的鸡要刷掉表面的海盐。

5. 喜欢香菜的可以在蘸料里加些香菜碎。

6. 做盐焗菜式不可用细盐，一定要用粗粒盐。

7. 用过一次的盐会有点潮湿和结块，在炒锅里把盐炒到干燥、松散，冷却后密封保存，可反复使用。

8. 盐不仅可以代替海盐食用，拿来泡澡、泡脚也很不错，可以改善皮肤干燥、脱皮、皲裂、发炎等一系列问题。

1. 将1小把葱切寸段，1块姜切片，将葱段和姜片塞进童子鸡的肚子内，用棉线捆住开口处。

2. 将烤箱预热至200℃，取1大张锡纸，对折后在中间铺一层粗盐，把童子鸡放在粗盐上。

3. 将锡纸窝起来做成1个容器，再将剩下的盐倒进去，均匀地覆盖在鸡身上。

4. 用另一张锡纸覆盖在鸡的上面，包好。

5. 将上层的锡纸包划1个小口，送入预热至200℃的烤箱，开口朝上，焗烤50分钟。

6. 将剩余葱切葱花、姜擦成姜蓉，小火炒香。倒入生抽、白糖和清水煮开即成蘸料。

烤鸭

做烤鸭，最重要的就是要烤出一层脆皮，皮的酥脆可以中和鸭油的肥腻，把油腻变成油香。要达到酥脆的效果，烫皮的预先处理一定不能少。

因为脆皮水中含大量的蜂蜜或是麦芽糖，这两种糖都要遇热才能融化，若是刷在已经风干的冰凉鸭皮上，就会不均匀地凝结在鸭皮上，导致最后的成品色泽不均匀。所以我的做法是先烫鸭皮，然后把热的脆皮水刷在热鸭皮上，再拿去风干。晾好的鸭子色泽一致，整体呈现淡黄色，一看就知道会烤出漂亮的皮色。

烤鸭和荷叶饼卷是绝配，再辅以甜面酱、葱等食用，更能衬托出烤鸭的香浓滋味。

原料

鸭	1只	苹果	5个
麦芽糖	适量	甜面酱	100克
料酒	适量	白糖	2~3大勺
白醋	适量	橙子	7个
开水	100毫升		
黄瓜	7根		
白萝卜	1根		
葱白	5根		
生菜叶	适量		
香油	7大勺		

Tips

1. 开水烫鸭皮的步骤一定不能省略，要耐心地用开水烫足3遍。

2. 不论是开水烫皮或是刷脆皮水都要均匀，不要漏掉边角或是翅膀下方。脆皮水要趁热刷。

3. 撑鸭身时，可以在红酒瓶或其他差不多大小的瓶中灌满水后，将鸭插在瓶子上立起来，并用筷子把鸭翅撑起。

4. 入烤箱前鸭皮要充分干燥，正确的状态是鸭皮变薄，紧缩并出油。用手摸一下感觉应该是失去弹性，像是1张薄薄的油纸。若是摸起来还有皮肤的触感，则说明还未完全晾干。

5. 若是时间不够，可以用电吹风冷风挡吹，加速鸭皮的干燥。

6. 我使用的温度适用于带热风功能的烤箱，若是没有热风功能或是烤箱比较小，则要相应提高烘烤温度10~20℃。

7. 烤好的鸭子很烫，稍凉一会儿再切片。如果不会片鸭，可以用锋利的刀先把大块的鸭胸、鸭腿肉片下来，然后再均匀切片，让每1片鸭肉上都带有鸭皮。

1. 将鸭子放在水池里冲洗干净。用开水浇遍鸭子的全身，正、反面都要浇到，重复 3 次。

2. 将麦芽糖、料酒、白醋和开水混合成脆皮水。将脆皮水均匀地刷遍鸭子的表皮，刷二三遍。

3. 将鸭身撑起，用铁钩把鸭屁股勾住倒吊，让鸭子在阴凉通风处晾至少 5 小时，至表皮干燥，紧缩发亮。

4. 把鸭翅膀剪掉，将苹果切成几块，橙子切半，塞进鸭腹里，封口处用牙签固定。将烤箱预热至 200℃。

5. 烤盘包上锡纸，盛少许清水，将鸭子放在烤架上，鸭胸朝上送入烤箱。180℃烤 40 分钟。

6. 用香油炒甜面酱，加白糖和小半碗水煮开，煮到合适的浓度后盛出待用。

7. 将黄瓜和萝卜切条、葱白切丝、生菜洗净沥干水分待用。

8. 把鸭子从烤箱中取出后翻面，将翅膀和腿的末端包上锡纸，再烤 20 分钟。

9. 取出来再翻一次面，再烤 20 分钟。烤好的鸭凉至少 15 分钟后再切片，与配菜、荷叶饼和甜面酱一起上桌。

荷叶饼

荷叶饼是烤鸭的标配,想吃烤鸭,就得先修炼荷叶饼。其实不是买不到,各大超市的冷冻柜里都有荷叶饼出售,量大便宜,每张饼都整整齐齐、又薄又圆。可是一看就知道比不上边缘自然卷曲的手工荷叶饼。

手工做出的饼也许没有那么薄透均匀,但是面香浓郁,柔中带韧。卷上油滋滋的烤鸭,才更能衬托出烤鸭的香浓滋味。

原料

中筋面粉	250 克
开水	140 毫升
盐	1 小撮

Tips

1. 烫面后等热气散尽再揉面,否则面团会粘手。
2. 暂时不吃的荷叶饼用保鲜膜封好,避免风干变硬,下次要吃时上锅蒸几分钟即可。

做法一

1. 热水加盐化开，冲入面粉中，用筷子搅拌成絮状。

2. 揉成光滑的面团，包入保鲜袋醒半小时。

3. 将面团取一半搓成长条，切成 16 等份。

4. 将剂子搓圆、按扁，擀成饺子皮大小的圆片。

5. 烧锅水，放上蒸架和盘子，转小火。

6. 取 1 个面皮，擀成跟手掌差不多大的薄面饼，平铺在盘子上，盖上锅盖蒸。

7. 等上一张面饼变得半透明后，再把擀好的第 2 张饼叠放上去，盖上锅盖。

8. 依次把所有面饼都擀好、蒸好，全部取出，趁热一张张分开。

做法二

1. 待面团切成小剂子、搓圆按扁后，取两个小面团，在一面蘸上油，蘸油的一面相对，两两一叠。

2. 叠好的两个剂子用擀面杖擀成面饼。

3. 平底锅中火烧热，不刷油。将面饼放入锅里，一面起小泡后翻面。

4. 每面煎 10 秒左右，见两面全部变白、鼓起大泡即可出锅，趁热将饼撕成两层。

5. 面饼全部烙好分层后即可。

Tips

1. 两个剂子之间要多刷些油，烙好后才能轻易地分开而不粘连。
2. 面饼熟得很快，注意不要将饼烙糊。
3. 面饼温热时比较容易撕成两片，太热了烫手，凉了就会粘连在一块儿。
4. 可以现做现吃，或者提前做好，要吃的时候上锅蒸几分钟。

Part 2
猪牛羊肉

水晶猪肘

水晶猪肘的做法和盐水鸭的做法差不多：用盐略加腌制，然后水煮。放凉后切片做冷盘，咸鲜爽口，完全没有油腻感。除了要提前一两天准备，其他的步骤都没什么技术含量，所以这道菜是很偷懒的菜，写菜谱的我偷懒，看菜谱的你们也可以偷懒。

原料

猪肘	1个
	约900克
粗盐	100克
花椒	1大勺
香叶	4片
八角	4个
葱	3根
姜	1大块
料酒	3大勺

Tips

1. 猪肘去骨时，用小一点儿的刀贴着骨头剔，注意保持肉皮的完整。肥肉很多的话一定要去掉，保证成品口感清爽。

2. 腌过的猪肘要彻底冲洗掉表面的盐，若腌的时间很长可以用清水稍加浸泡，卷好后用棉线尽量扎紧。

3. 煮好的猪肘要放凉了再切才不会散开。

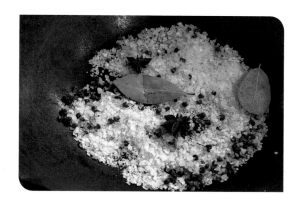

1. 将粗盐、花椒、2 片香叶和 2 个八角放在锅里炒 3~5 分钟，至盐粒发黄，花椒微微变黑，关火彻底冷却待用。

2. 将猪肘洗净、沥干后剔去骨头，切掉多余的肥肉。将炒过的盐均匀地抹在猪肘上，放在冰箱腌制一两天。

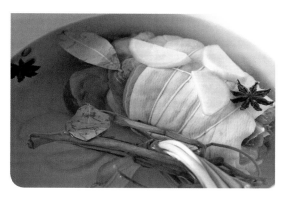

3. 腌好的猪肘拿出来彻底冲洗干净表面的盐粒，卷成卷，用棉线捆紧。

4. 将捆好的猪肘放在炖锅里，加水没过表面，下整葱、姜片、2 片香叶、2 个八角和料酒。盖上锅盖大火煮开。

5. 转小火煮 50~60 分钟，捞出来自然冷却至室温。

6. 放凉后，去掉棉线，切成片即可，可以直接吃，也可以蘸点蒜蓉，香醋。

糖醋排骨

如果没记错的话，糖醋排骨是我学会的第一道能拿得出手的肉菜。制作糖醋排骨时，要讲究各种味道的平衡，酸、甜、咸味要搭配得恰到好处，初入口时酸得开胃，咀嚼之后又有回甘。肉质也要软硬适中，咬起来有弹性又不塞牙。

在反复实践中，我也慢慢摸索出了自己屡试不爽的套路。首先是免掉传统做法中油炸排骨的步骤，减轻油腻感，吃下去也更健康。加入话梅，让话梅本来就有的酸甜，和糖醋的调味无缝融合，同时，话梅的果香也可以给猪肉去腥、解腻。

原料

排骨	500 克
话梅	3 粒
料酒	2 大勺
生抽	1.5 大勺
香醋	3 大勺
清水	300 毫升
冰糖	30 克
姜片	2 片
葱花	1 小勺
熟白芝麻	1 小勺

Tips

1. 将排骨放入冷水中煮开可以最大程度去除血沫。有时间的话可以事先将排骨在清水中浸泡几个小时去除血水。

2. 话梅很咸，不用再额外加盐。也可以将话梅换成日式酸梅，但是不要用过甜的梅子蜜饯。如果不用话梅，则要适量增加生抽、醋和糖的用量。

3. 炒糖色时要注意不要烧焦，最后收汁的时候成品颜色会明显加深，所以此刻糖色只要达到金黄色即可。

4. 这道菜的成败在于最后1分钟，一定要耐心地把汤汁完全收干才算成功。判断标准是最后锅里的汤汁像是炒糖色时一样冒泡，完全黏附在排骨上没有多余水分，并且略发黏。最后半分钟要注意不要烧焦。

5. 醋酸在加热过程中会挥发，所以起锅前加几滴醋可以增加酸味。

1. 将排骨切成 3 厘米长的小段，冷水中放入姜片，倒入排骨，大火烧开后捞出排骨待用。

2. 将话梅、料酒、生抽和香醋混合，倒入 1 碗清水，混合成调味汁。

3. 起油锅，倒入敲碎的冰糖，中火加热至冰糖化开且呈现金黄色，倒入排骨迅速翻炒至上色。

4. 将调味汁与话梅一起倒入锅里，大火煮开后盖上锅盖，转小火焖煮约 30 分钟。

5. 待排骨煮软后，开盖转大火收汁，出锅前烹入几滴醋拌匀，撒上白芝麻翻匀。

6. 起锅后撒上葱花即可。

蜜汁叉烧

叉烧是流行于广东、香港一带的家常美食，最适合做成叉烧的是猪梅花肉，也就是猪的前腿和身体的连接处。这部分的肉肉质软嫩，还有适量的脂肪均匀地密布其间，经过烤制后，脂肪就转化为肌肉间的润滑剂，带来软嫩的口感。喜欢吃肥一点儿的肉用五花肉也可以。港式叉烧分瘦叉和肥叉，瘦叉是梅花肉，肥叉就是五花肉。至于猪里脊，肉质虽细嫩，但是缺少脂肪，一不小心就会烤得又干又硬，像鸡胸一样，不适合烧烤这种粗暴的料理方式，实在不是做叉烧的好选择。

原料

猪梅花肉	500 克
蒜	2 瓣
姜	1 小块

叉烧酱

红曲米	10 克
玫瑰露酒	2 大勺
生抽	4 大勺
蚝油	2 大勺
黑胡椒粉	1/2 小勺
蜂蜜	3 大勺

蜜汁

蜂蜜	1 大勺
油	1 大勺

Tips

1. 红曲米是上色用的，没有可以不用，对味道不会有大的影响。

2. 如果喜欢特别鲜艳的红色，可以把红曲米磨成粉，加 1 小勺到酱汁中。

3. 玫瑰露酒是制作烧腊时常用的酒，也可以换成较低度的白酒、米酒或料酒。

4. 将自制的叉烧酱烧开煮至浓稠，即可当作叉烧的蘸酱，还可以配苏梅酱。

5. 刚好的叉烧一定要凉一会儿再切，这样，肉汁就有时间回到肌肉组织中重新分布，并形成润滑的口感。

6. 叉烧需要提前腌制入味，最少 1 天，2 天更好，最多不超过 3 天。用五花肉的肥叉可以适当延长烤制时间，先烤 15 分钟至半熟，再和瘦叉一样，两面刷上蜜汁，送回烤箱烤至上色。

1. 猪梅花肉切成横截面约5厘米宽的肉条。

2. 用玫瑰露酒和生抽浸泡红曲米半小时，至米粒变软，用勺子碾压红曲米，析出红色色素后，过滤。

3. 在过滤后的酱汁中加入蚝油、蜂蜜和黑胡椒粉，拌匀后即为自制叉烧酱。

4. 把肉条装入保鲜袋，倒入切成片的姜和蒜，再倒入叉烧酱，密封后放入冰箱，腌制24~48小时。

5. 腌好的肉放在烤架上，下面垫1个铺有锡纸的烤盘。将烤箱预热到200℃。

6. 取1大勺腌肉剩下的叉烧酱，加入蜂蜜和油各1大勺，拌匀后即为蜜汁。

7. 在肉的两面均匀刷上蜜汁，送入烤箱中上层，用200℃烤10分钟。

8. 取出后再刷一次蜜汁，翻面后送回烤箱，用200℃再烤10分钟即可。

9. 在出炉的叉烧上刷一层油，稍微凉一会儿，凉至温热时再切片装盘。

芝心猪排

芝心猪排外酥里嫩，香浓爆浆，老少咸宜。这种猪排起源于瑞士，风靡美国，最知名的名称是法语里的蓝带猪排。

将猪排裹上面粉、鸡蛋和面包屑后，可炸可煎可烤，只要让外层的面包屑变得金黄酥香就好。里面的猪肉则要熟得刚刚好，嫩而不柴。这样一刀切下去，猪排的肉汁就会和奶酪混杂在一起，缓缓溢出，让人看了食欲大增。

原料

猪里脊	1 块
	约 180 克
鸡蛋	1 个
切达奶酪	1 片
火腿	1 片
面粉	30 克
面包屑	15 克
盐	适量
黑胡椒碎	适量

配菜

混合生菜	1 杯
凯撒沙拉酱	1 大勺

⌐ Tips ⌐

1. 横切猪肉时尽量切得厚薄均匀，展开后如果发现有特别厚的部分可以将肉片修整至厚度一致。

2. 包入火腿和奶酪后尽量把猪排的边缘捏合紧密，防止煎的时候奶酪漏出来。煎猪排时用小火，如果有掉下来的面包屑或漏出的奶酪，要及时用厨房纸清理干净，防止烧焦。

3. 有烤箱的话可以在煎到表面定形后送入预热至180℃的烤箱，烤 18 分钟左右。

4. 煎好的猪排凉一下再切，让肉汁能有时间在组织间均匀分布。

1. 在猪里脊 1/3 处横向入刀，不要切断。接着，反方向再切一次，展开后，即成长方形肉排。

2. 在肉表面铺一层保鲜膜，用肉锤轻轻敲打。

3. 在猪排两面薄薄地撒一层盐和黑胡椒碎，将鸡蛋打散，猪排两面均匀地裹上蛋液，轻揉片刻。

4. 猪排两面均匀地蘸上面粉，火腿和奶酪都切半，铺在猪排中间，将猪排卷起，叠成三层。

5. 将猪排卷裹上蛋液，再让猪排两面和四周都均匀粘满面包屑。

6. 取 1 个小平底锅，用中火烧热，倒入适量油，将猪排下锅煎。

7. 煎 1 分钟后翻面，转小火继续煎，每两三分钟翻一次面，直至将猪排两面金黄，共需要煎约 15 分钟。

8. 用夹子把猪排夹起，将四周都煎成金黄色出锅。用厨房纸吸油后置于干净的砧板上凉 3~5 分钟。

9. 在盘子中摆放生菜，浇上沙拉酱，将猪排从中间切开后和沙拉放在一起即可上桌。

清炖狮子头

狮子头，肉要讲究肥瘦比例均衡，用五花肉就很好。若是买到的五花肉太肥，可以加点梅花肉。也可以买纯瘦肉和纯肥肉，按肥肉占四五份的比例自行搭配。切忌瘦肉过多，这样只会失去肥腴鲜嫩的口感。

配好了肉，接下来就是展示刀工了。肉一定是切碎的，不是剁碎更不是绞碎的。先切薄片，再切丝，最后再切成肉丁。肉丁大小如同石榴子一般。切出来的肉，纤维组织没有被破坏，能包住更多水分。

虽然做起来有些麻烦，但你收获到的清炖狮子头一定是肥腴软嫩、入口即化、肉美汤鲜的。

原料

去皮五花肉	500 克
冬笋	75 克
葱	2 根
姜	1 小块
清水	100 毫升
白糖	2 小勺
马铃薯淀粉	2 小勺
料酒	1 大勺
蛋清	1 个
白胡椒粉	1 小撮
大白菜叶	5 片
油菜心	5 个
清鸡汤	750 毫升
盐	适量

Tips

1. 我用的是真空包装的冬笋，如用新鲜冬笋，需要先焯一下水。也可以把冬笋换成荸荠。

2. 肉一定要切碎，不能剁碎更不能绞碎，用尽量锋利的刀、把肉冻至半硬能稍微降低难度。

3. 切肉时，要一小块一小块地切，不要一次全部切片切丝，防止在将肉切丁时肉变软。

4. 要确保肉馅充分吸收葱姜水，要缓缓加入。

5. 鸡汤烧开后再慢慢浇到狮子头上，不要破坏狮子头的外形。用小火慢炖，汤汁才会清澈。

1. 将鸡汤烧开，冬笋切成细丁，大白菜分成菜帮和菜叶，葱、姜擦成蓉（留2片姜待用），用清水浸泡待用。

2. 冻得半硬的五花肉先切成肉丁，再稍微剁碎一点儿。

3. 肉丁里拌入适量盐、白糖、料酒、白胡椒粉、马铃薯淀粉和蛋清，搅拌至发黏，加入冬笋丁拌匀。

4. 把葱姜水分3次加入肉丁里，边倒边将肉丁向一个方向搅拌，待水分完全被吸收再继续加入葱姜水。

5. 把白菜帮铺在砂锅底部。

6. 取适量肉馅在两手之间摔打几次，团成狮子头，放在菜帮上。每个菜帮上都放1个。再将菜叶轻轻地覆盖在狮子头上。

7. 将鸡汤缓缓倒入砂锅至基本没过狮子头，放入姜片。用小火慢炖2小时，出锅前加盐调味。

8. 捞出煮烂的白菜叶，加入油菜心，煮1分钟即可关火上桌。

砂锅红烧肉

说起家常菜，红烧肉应该算是个很好的代表。相信每个人都吃过家人烧的，一碗油滋滋、红亮亮的红烧肉。不同的地方，肯定有不同的做法。

小时候，我是个讨厌葱、姜、蒜的小孩，对母亲烧的菜总是挑剔得很，绝不吃任何肉眼可见的葱、姜、蒜。所以那时我家的家常菜是不撒葱花的，若是有必须加葱的菜式，母亲会把小葱捆成一捆，起锅了再捞出去。现在自己变成厨娘，才明白葱、姜、蒜是中餐的灵魂。

我做的红烧肉，与我小时候习惯的、母亲烧的味道完全不同。也许从我不再按照母亲的叮咛来烧肉开始，就意味着我真的离开了她吧。也许一个家庭的味道，就是由饭桌上那碗红烧肉决定的。

原料

五花肉	600 克
黄酒	150 毫升
生抽	4 大勺
冰糖	1 大块
	约 60 克
葱	1 小把
	约 50 克
姜	1 大块
	约 50 克
香叶	1 片
开水	适量

Tips

1. 焯过水的五花肉要用热水冲洗，保持肉质松软。

2. 煸炒肉块时不要加油，因为五花肉会出油。

3. 用锡纸做成盖，可以使肉在炖煮时上色和入味都更均匀，避免没被汤汁覆盖的肉变干。还不用一直翻动，保持肉块的外观完整。

4. 不要过早加入生抽，待慢炖 1 小时后，肉变得软烂时再加入。

1. 姜去皮后切片。将葱洗净、沥干后切段，再切少许葱花。冰糖放在石臼中捣碎待用。

2. 把五花肉切成三四厘米的大块，加2片姜、2节葱焯水，大火煮开后捞出肉块，再用热水彻底洗净，沥干水分待用。

3. 将锅烧热，倒入少量油，下五花肉块，中火把五花肉的每一面都煎黄出油，约四五分钟。

4. 另起火，将砂锅用最小火加热，放入葱和姜铺底，把煎好的五花肉转到砂锅内，放入香叶，倒入黄酒，继续用小火慢慢加热。

5. 铁锅中倒入碎冰糖，用炒五花肉出的油炒糖色。开中火，炒到冰糖化成糖浆，变成琥珀色。当冒很多小泡时，倒入1大碗热水。

6. 把焦糖水倒入砂锅，再倒入适量开水，让汤汁基本能没过五花肉。

7. 取1张锡纸，剪成和砂锅差不多大的圆片，再剪几个洞，盖在五花肉上，再盖上锅盖，小火慢炖约1小时。

8. 向砂锅内倒入生抽，捞出煮烂的葱、姜，盖上锡纸，转中火收汁。约20分钟后，当汤汁变得浓稠，冒大泡，关火。

9. 撒上葱花即可上桌。

腐乳粉蒸肉

腐乳粉蒸肉属于一看到名字就让人不自觉流口水的菜式。市售的米粉一般是调好味的，再加腐乳会太咸，所以不要偷懒，自己做点米粉吧。

蒸素菜的米粉我会磨得细一些，而蒸肉的米粉还是保留粗一点儿的颗粒吃起来更过瘾。我喜欢用糯米，感觉比大米更香。除此以外，蒸肉米粉还可以多留一些香料跟米一起打碎，让米粉口味重一些，更适宜荤菜。

跟猪肉搭配的垫料我一般会选择红薯或芋头，我不太用土豆，倒是粉蒸牛肉跟土豆很搭配。

做粉蒸肉的准备工作并不复杂，用时却很长，只因这道菜最怕火候不足，肉块没有蒸到酥软黏糯、肥油尽出、夹之欲碎就不算成功。

原料

五花肉	500 克	料酒	2 大勺
芋头	300 克	姜	1 小块
大米	5 大勺	白糖	1/2 大勺
	约 75 克	花椒	1 小勺
腐乳	1 块	香叶	2 片
腐乳汁	少许	八角	2 个
生抽	3~4 大勺	干辣椒	3 个
老抽	1/2 大勺	白胡椒粉	适量

1. 大米洗净、沥干后放入锅中，不加油，中火翻炒约 10 分钟，至米粒变得不透明并微微发黄。香叶、干辣椒、八角和花椒下锅，小火炒两三分钟至出香味、花椒变黑。

2. 将炒好的米稍放凉，留下 1 片香叶，2 个干辣椒，1 个八角和 1/3 的花椒。香料掰成小块，和米一起进料理机打成米粉。

3. 姜磨成姜蓉，腐乳连腐乳汁捣碎。加入生抽、老抽、料酒、姜蓉、白糖和白胡椒粉调成腌汁待用。

4. 五花肉切成厚片，调入腌汁拌匀，抓捏一下，腌 20 分钟。

5. 将米粉倒入五花肉中拌匀，至米粉全部浸透湿润，如有干燥部位再加少许清水。

6. 芋头去皮，切成跟五花肉差不多大的块，均匀地铺在碗底，将拌好米粉的五花肉均匀地铺在芋头上。

7. 入蒸锅，水开后蒸 1.5~2 小时，至肉和芋头都酥软即可。

Tips

1. 将肉先用调料腌制一会儿再拌入米粉更入味。

2. 腐乳、生抽都有盐分，不需额外加盐。

3. 芋头和肉不要铺得太密，否则难蒸透。

4. 可以用高压锅来节省时间，也可用排骨代替五花肉。

5. 五花肉中的肥肉部分若是蒸的时间短了，脂肪还封在里面，吃起来会很腻口，换成排骨可以稍少些时间。

羊肉串

吃羊肉串时，我认为最重要的其实是口感。要的就是第一口咬下去时，热乎乎、香喷喷、滋滋冒油的那个感觉。所以一定不要用太瘦的羊肉，要选肥瘦相间的部位，肉质精瘦又细嫩的里脊反而不合适。

很多人害怕羊肉的腥膻味。如何去除羊膻味呢？其实在腌制羊肉的时候，是需要用到洋葱的，只是这洋葱最后弃而不用了。所以虽然看不到，但羊肉中已经有了洋葱的味道。洋葱的作用并不是去除羊膻，而是使肉香更为浓郁。

原料

羊肩肉	500 克
洋葱	3/4 个
生抽	1 大勺
料酒	1 大勺
白糖	1 小撮
辣椒粉	适量
孜然粉	适量
盐	适量
油	2 大勺

Tips

1. 切肉块的时候大小要均匀，这样才会熟得均匀。

2. 穿羊肉的时候注意肥瘦相间，肉块之间要略有间隙。

3. 注意火候，烤的时间过长会使肉质变老。

4. 若用烧烤功能，可将烤箱预热至220~240℃后，将肉串表面撒上适量盐、辣椒粉、孜然粉，烤15~18分钟，中间翻一次面。

1. 将羊肉切成 2 厘米见方的小块，洋葱切块，放入碗中，加料酒、生抽、1 小勺辣椒粉、1 小勺孜然粉、1 小撮盐和白糖，拌匀，腌 40~60 分钟。

2. 将羊肉穿成肉串，洋葱拣出不用。

3. 将羊肉串放在烤架上，撒上适量盐、辣椒粉、孜然粉。

4. 每面烤 3~5 分钟后翻面，再撒上适量盐、辣椒粉、孜然粉，可以适当在肉串上刷些油。

5. 将肉串翻面两三次，共烤 18~20 分钟即可。

韩式辣牛肉汤

今天喝汤，非常辣的辣牛肉汤。就喜欢三伏天里喝又热又辣、开胃爽口又不油腻的汤。虽然喝的时候感觉整个人在燃烧，但喝完后出一身大汗感觉超级过瘾。

原料

牛腱子肉	250 克
白萝卜	250 克
豆芽	100 克
洋葱	1 个
姜	1 小块
蒜	3 瓣
红辣椒	1 个
小葱	适量
韩式辣椒酱	2 大勺
韩式辣椒粉	1 大勺
香油	1 大勺
生抽	2 大勺
盐	适量
白糖	适量

Tips

1. 牛肉可以选用牛腱子肉或是牛后臀的瘦肉，不要用牛腩或牛小排等脂肪含量很高的部位的肉。

2. 可以随意加自己喜欢的配菜，香菇、杏鲍菇、豆腐、粉条等均可。

1. 牛腱子肉、1/2 个洋葱放入砂锅中，倒入能没过食材的清水，大火煮开，撇掉浮沫后转小火，炖煮约 1.5 小时。

2. 姜、蒜擦成泥，加入香油、生抽、韩式辣椒酱和辣椒粉拌匀，可以再按个人口味加一点儿白糖。

3. 将白萝卜去皮后切片，洋葱切细丝，红辣椒切圈，小葱切成葱花待用。

4. 待牛肉煮到能用筷子轻易插入的时候捞出来稍微放凉，牛肉撕成条或切片，牛肉汤待用。

5. 取 1 个小汤锅，加入适量油，倒入洋葱丝翻炒至微微发黄，加入之前调好的辣酱，炒出红油。

6. 加入牛肉汤煮开，加盐调味，白萝卜和豆芽煮软。

7. 摆上牛肉丝，撒上辣椒圈和葱花即可。

梅菜扣肉

梅菜扣肉是道家常菜，只是肉的处理比平常肉菜多几个步骤。有肥有瘦的带皮五花肉在经过油炸和蒸煮之后，吸饱了汤汁和梅干菜的醇香，吃进嘴里非常酥软，完全没有肥肉的腻味。而吸饱了肉香的梅干菜，比肉更受欢迎，非常下饭！

原料

带皮五花肉	500 克
梅干菜	50 克
葱	2 根
蒜	3 瓣
香叶	3 片
八角	2 个
姜	5 片
生抽	3 大勺
老抽	1 小勺
水淀粉	1 小勺
米酒	1 大勺
香油	1 小勺
白胡椒粉	1 小撮
白糖	1 小勺

Tips

1. 煮五花肉时，要不时地翻面。

2. 五花肉的肉皮上一定要扎小孔，方便入味，炸肉时，也可以将肉炸得比较疏松。

3. 炸肉皮的时候一定要盖锅盖，且全程都要按住锅盖，关火后，也要等到冷却了再揭开锅盖。

4. 蒸完的梅菜扣肉，放1夜后加热食用，会更入味。

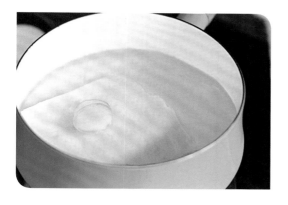

1. 五花肉放入锅中，放 3 片姜，加水煮约 15 分钟至全熟。捞出后在肉皮上扎一些小孔。

2. 用老抽给肉均匀地上色后，静置晾干。

3. 起油锅，油要稍多一些，能没过肉皮的量。将肉皮朝下放入油锅，中小火炸约 5 分钟。

4. 关火，等锅内温度下降后，再取出五花肉，冷却，切成约 8 毫米厚的片。

5. 将老抽、生抽、米酒、香油、白糖以及白胡椒粉搅拌均匀，调成调味汁。

6. 将调味汁淋在肉片上，肉片之间也要淋上调味汁，腌一会儿。

7. 将梅干菜用清水泡软，捞出后沥干、切碎，
剩余的姜切末，蒜切末。

8. 起油锅，放入姜末、蒜末炒香，将梅干菜炒香后，
放香叶、八角翻炒。

9. 倒入腌过肉的调味汁，焖 3~5 分钟，关火，
将香叶和八角捞出。

10. 肉片皮朝下整齐地码在碗中。煮过的梅干菜
铺在肉片上，放上捞出的香叶和八角。入蒸
锅蒸 1.5 小时后端出，拣掉表面的香叶和八角。

11. 将碗中的汤汁倒入另一个碗中，在汤汁中加
入水淀粉，煮至浓稠。

12. 取 1 个盘子，扣在装梅菜扣肉的碗上，迅速倒
扣后，揭开碗，淋入浓稠的汤汁。

低温牛排

简单来说，低温料理就是指用较低的温度长时间烹饪肉类、鱼虾或是鸡蛋，让蛋白质处于安全可食用，但还未完全变性的阶段。这样处理的肉能轻松达到完美的熟度，切开来肉汁饱满，咬到嘴中是满满的肉香，而且完全没有生肉的腥味。

这块完美的低温牛排是一道非常费时间的菜，如果你们用过传统的方法煎牛排，那肯定会有这样的体验：牛排最外层是最熟的，外表看起来很焦脆了，越往中心肉越生。要达到完美熟度只有那么几秒钟的时间窗口，稍微犹豫一下就会过熟，切开来肉汁全无；而早出锅个几秒钟又可能过生，吃到嘴里有令人不快的生肉味。

低温牛排虽然做起来花时间，但做起来真的不复杂，因为温度恒定，这块牛排不管放多久都不会熟过头。不过想品尝到最佳口感的话，水浴过程也最好不要超过 4 个小时哦。

原料

西冷牛排	1 块	红酒	50 毫升
橄榄油	2 大勺	黑胡椒碎	适量
海盐	适量		
迷迭香	1 支		
黑胡椒碎	适量		
黄油	适量		

牛高汤

牛骨	750 克
香叶	3 片
百里香	1 束
胡萝卜	1 根
洋葱	1/2 个
黑胡椒粒	1 大勺
蒜	1 整头
西芹	1 根
橄榄油	适量

牛排酱汁

迷迭香	1 支
盐	适量
蒜	2 瓣
黄油	10 克

牛高汤

1. 将牛骨焯水，胡萝卜切块，西芹切段，洋葱去皮切半，整头蒜横向切半。

2. 捞出牛骨，简单冲洗。将蔬菜和牛骨放入烤盘，淋少许橄榄油。

3. 将菜和牛骨放入已经预热到220℃的烤箱，烤20~30分钟。至表面有焦色时，移入汤锅。

4. 向烤盘里倒入热水，稀释上面焦色的物质后，连水倒入汤锅，加水没过食材，开火。

5. 放入黑胡椒粒、香叶和百里香，炖3小时，直至肉和菜都软烂。

6. 捞出牛骨，用漏勺将高汤过滤出来。

低温牛排

1. 汤锅内倒入多且深的水，放入温度计，将水烧至55℃。

2. 在西冷牛排表面撒上海盐、黑胡椒碎，淋少许橄榄油，抹匀。

3. 将西冷牛排和迷迭香放入保鲜袋，留一道口，不完全密封。慢慢放入水中，依靠水压将袋中的空气挤出，在保鲜袋接近真空时，再密封。

4. 将保鲜袋口留在锅外，盖上锅盖，将锅端入预热至 55℃ 的烤箱，烤 1.5 小时。

5. 取出牛排，拣出迷迭香，将保鲜袋中的肉汁留用。

6. 将平底锅烧热后，放入橄榄油和黄油，黄油化开后迅速放入牛排。

牛排酱汁

7. 牛排每面煎二三十秒，煎至表面呈焦色，牛排侧面的脂肪也煎一下，煎好后立即出锅。

1. 蒜、迷迭香放入锅中，倒入红酒，保鲜袋里的肉汁，以及牛高汤同煮。

2. 将火略调大，熬煮收汁，关火后加适量盐、现磨黑胡椒碎。

3. 加入 1 小块冰黄油，让它在酱汁中化开，倒出即成。

Tips

牛高汤

1. 我煮高汤用了两种牛骨：一种带肉，煮出来的高汤既有肉香也有骨头香；一种是纯骨头但中间有骨髓，煮出来的高汤会有骨髓香。我推荐两种都用，没条件的话首选带肉的牛骨。

2. 牛骨不一定要用烤箱烤，也可以直接用锅煎出焦色，这样煮出来的牛高汤会更香，但我这次用的牛骨比较多，用烤箱会比较快。

3. 熬牛高汤需要很长的时间，但它的用途很广，熬好后可以分批冷冻保存，以后做任何牛肉类的菜都可以用这个高汤。

低温牛排

1. 用 55℃ 烤出来的牛肉熟度在三成到五成之间，如果喜欢吃更生一点儿的，可以把温度设为 50℃，如果喜欢吃更熟一点儿的，可以设到 60℃。

2. 低温水浴时间在 1-4 小时都可以，但不要超过 4 小时。

3. 低温牛排煎好了要赶紧食用，以免影响口感。

牛排酱汁

最后放的黄油一定要是冰凉的，让它在热的酱汁中融化，会让酱汁更加浓厚顺滑。

私房秘制酱牛肉

其实酱牛肉比卤牛肉就是多了个"酱"字而已，大酱、黄酱、甜面酱都可以用。我家里常年备有老卤水，经年累月地卤制各种食材后味道已经非常浓厚了，所以一般不再往卤水中加酱。我推荐你第一次尝试时做酱牛肉。新做的卤水，香料们还在各自为政，没有融合统一。酱料的加入，会给卤水带来浓厚的鲜香，让新卤水也能像老卤水一样风味十足。

酱牛肉的卤水，每用过一次后，都要把卤水撇去浮油，用细纱布过滤，再冷冻起来。下次还可以卤制各种菜，像猪蹄、鸭翅、鸡腿、海带、豆腐、鸡蛋等。悉心地保存，反复地使用，味道和情感也会一次次地叠加。

原料

牛腱子肉	600 克
黄瓜	1 根

香料

八角	2 个
干辣椒	3 个
小茴香	1/2 小勺
丁香	3 粒
桂皮	2 片
花椒	1 小勺
混合胡椒粒	1 小勺
小豆蔻	2 个
香叶	3 片
香菜籽	1/2 小勺
陈皮	1 小勺
肉豆蔻	1 个

调料

大酱	2 大勺
葱	3 根
香油	1 大勺
生抽	8 大勺
清水	2 升
蒜	2 瓣
料酒	5 大勺
香醋	2 大勺
红辣椒	1 个
老抽	1 大勺
海盐	1 大勺
香菜	1 小把
冰糖	50 克
白糖	1 小撮
盐	适量
姜	1 小块
白胡椒粉	1 小撮

Tips

1. 腌制牛腱子肉时最好用粗海盐，用细盐的话用量要减半。
2. 牛肉入味主要靠浸泡，卤的时间以 40 分钟为宜。
3. 牛肉要泡到完全冷却后再切片，最好在冰箱内冻一会儿再切才能切得薄而整齐。
4. 用过的卤水用细纱布过滤，冷冻保存。每次使用时，都要新添加香料和调料。
5. 卤过几次肉菜后再卤素菜，素菜味道更好。

1. 牛腱子肉切成横切面为六七厘米的大块，将海盐均匀地抹在肉上，放冰箱内腌制过夜。

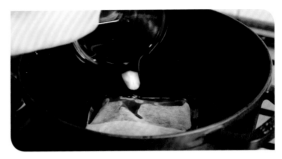

2. 把香料用茶包袋包起来。在炖锅中加入清水，放入香料袋，倒入 7 大勺生抽、料酒、老抽、冰糖和大酱，煮开后即为卤水。

3. 腌好的牛肉冷水下锅焯水，捞出后放入煮开的卤水中。

4. 葱切段，姜拍松。撇去卤水中的浮沫，放入葱和姜，加适量盐，煮开后转小火炖约 40 分钟。

5. 煮到可将叉子插入肉中，但稍微吃力时，关火，浸泡牛肉至完全冷却。

6. 黄瓜去皮、切丝，辣椒切圈，香菜切末，蒜捣成蓉。

7. 从卤水锅里舀出 2 大勺卤水，与香醋、生抽、白糖、白胡椒粉、香油和蒜蓉拌匀，即为味汁。

8. 将卤好的牛腱肉逆纹切成薄片，铺在黄瓜丝上。撒上香菜和辣椒圈，浇上味汁即可。

Part 3
海鲜水产

十三香小龙虾

我也不知道小龙虾什么时候突然成了消夜的标配，反正我跟你们一样，没能抵挡住它的诱惑，自从进入吃小龙虾的季节，我已经在家偷偷吃过好几顿了……

但是独吃吃不如众吃吃，今天把我的独门秘制十三香小龙虾分享给你们，就不信你们能拒绝这份美味！比起去店里吃，我更喜欢自己动手的感觉，毕竟自己亲手处理又不麻烦，吃起来也会更卫生更安心。还有香弹紧实的虾肉和浓香的酱汁，吃完连手指头都要一根一根吮干净！

原料

小龙虾	1 千克	香料	
醋	1 小勺	陈皮	2 片
洋葱	1/2 个	桂皮	1 片
郫县豆瓣酱	1 大勺	丁香	8 个
白糖	1 小勺	山柰	1 大勺
蒜	1 整头	香叶	5 片
生抽	2 大勺	白豆蔻	3 个
蚝油	1 大勺	八角	2 个
朝天椒	5 个	草果	2 个
甜面酱	2 大勺	花椒	1 小勺
姜	1 小块	白胡椒	1/2 小勺
大葱	1 根	黑胡椒	1/2 小勺
啤酒	1 罐	小茴香	1/2 小勺
青椒	2 个	孜然粒	1/2 小勺
油	适量	香菜籽	1 小勺

Tips

1. 香料在用之前最好先简单地洗一下。将香料用茶包包起来，这样吃的时候就不会吃到满嘴香料了。

2. 小龙虾一定要用牙刷洗干净，去掉沙线、沙袋。我发现电动牙刷非常适合用来刷小龙虾，如果你家正好有要换刷头的电动牙刷，可以试一下。

3. 去虾线时动作要快，迅速处理完迅速下锅大火爆炒，虾肉就能保持紧实。

4. 小龙虾壳硬，容易破坏不粘涂层，建议用铁锅而不用不粘锅。

5. 炒小龙虾时，不要用味道特别苦的啤酒，如果不喜欢啤酒，也可将啤酒换成清水。

1. 将香料用水浸泡、清洗、沥干。

2. 青椒切块，葱白切段，洋葱切丝，朝天椒切碎，姜切片，蒜去皮。

3. 将小龙虾的嘴和腹部用牙刷刷洗干净，把小龙虾头的前 1/3 斜着剪掉，挑出沙袋，揪住中间 1 片尾巴，抽出沙线。

4. 将香料放入油中，用小火炒香，油沥出，放入炒锅，将香料装进茶包袋，将蒜、姜片、朝天椒用油爆香。

5. 下入甜面酱、郫县豆瓣酱，用小火炒出红油，加入洋葱、葱白爆香。

6. 转大火，将小龙虾下锅翻炒，炒至变色时，倒入整罐啤酒，放入香料包，浸在汤汁中煮。

7. 加入生抽、醋、白糖，煮 8~10 分钟。

8. 下蚝油、青椒块，翻匀后出锅。

培根扇贝卷

平日里买了扇贝，大多都是清蒸了吃，这样做最能突出扇贝特有的鲜甜。油煎贝肉，再配上黄油，香中带甜，也非常诱人。不过煎扇贝需要花点心思，因为贝肉非常软嫩，在没熟和过头之间，也许只有几秒钟的差距。煎过头的扇贝肉会完全失去它的愉悦口感，变得跟橡皮一样又硬又韧。我每次煎扇贝时都小心翼翼。用培根卷上扇贝，相当于给贝肉套了一个保护层，煎过头的可能性就大大减小了。培根的咸和扇贝的甜还可以互相交融，培根的油脂又能补足扇贝的香气，真是相得益彰。

以下食材可以做一人份培根扇贝卷

原料

扇贝	4 个	意大利黑醋	1 小勺
培根	2 片	蜂蜜	1/2 小勺
蒜	1 瓣	盐	适量
橄榄油	1 大勺	黑胡椒碎	适量
黄油	约 15 克		
细香葱	1 小把		
黑胡椒碎	适量		
牙签	4 根		

沙拉

混合芝麻菜和小菠菜	1 杯
帕玛森奶酪	约 5 克
烤松子	1 大勺
橄榄油	1 大勺

Tips

1. 扇贝需要的烹饪时间很短，所以事先要把配菜都准备好。
2. 扇贝的黄色月牙部分下油锅会爆掉，如有的话需要去除。
3. 注意火候，根据扇贝的大小调节煎的时间，不要过度加热，尽量保持贝肉的鲜嫩。
4. 黄油在最后下锅，防止烧焦。

1. 蒜切片，细香葱切碎，培根切半，沙拉原料中的橄榄油、意大利黑醋、蜂蜜、盐和黑胡椒碎混合成油醋汁。

2. 将蔬菜与油醋汁拌匀，撒上帕玛森奶酪和松子摆入盘中待用。

3. 扇贝处理干净，取下贝肉，每个贝肉都用半片培根裹起来，用牙签固定，撒上黑胡椒碎。

4. 热锅后倒入橄榄油，将培根扇贝卷煎至每一面都焦黄上色，需 3~5 分钟，向锅中加入蒜片，煎黄。

5. 在扇贝快熟时下入黄油，将锅倾斜，把黄油不停地浇在扇贝上。

6. 关火后将扇贝摆放在沙拉旁边，抽掉牙签，把蒜片和适量黄油淋在扇贝上，最后撒上切碎的细香葱即可。

豉汁扇贝

扇贝最肥美的季节是春暖花开之时，那时的贝肉最饱满，味道也最鲜美。冬天的扇贝相对瘦小一些，贝肉也略显干瘪。在材料品质达不到上佳的情况下，就要靠烹饪手段来提升了。扇贝味道柔和，甜味和鲜味都很纯粹，没有太多的异味，所以与各种调味料都能协调搭配。这道菜里用于调味的豆豉、蒜蓉、剁椒，都是口味比较重的，与扇贝的味道形成对比，能很好地衬托出扇贝的鲜甜。不过，做扇贝时不宜加料酒。料酒的味道会掩盖掉扇贝的鲜，突出扇贝的腥味。若是买不到新鲜扇贝，用冷冻的代替，也可以用同样的方式调味。在冷冻前，用烘焙纸将扇贝紧裹起来，再放在密封保鲜袋里，可以有效地防止贝肉冻伤。解冻时将扇贝取出来放入冰箱的冷藏室，隔夜解冻，能最大限度地还原新鲜扇贝的口感。

原料

扇贝	8 个
粉丝	1 小把 约 30 克
干豆豉	1 大勺
蒜	8 瓣
剁椒	1 大勺
小葱	2 根
盐	1 小撮
白糖	1 小勺
油	适量

1. 将扇贝清理干净，将贝肉和贝壳分开待用。
   将粉丝用热开水浸泡约15分钟，至完全泡软。

2. 将蒜头去皮、压成蒜蓉，小葱切成细葱花，
   干豆豉切碎。

3. 锅内倒入两三大勺油，烧热后，下蒜蓉略翻炒，
   至部分变黄时立刻关火，用余温继续翻炒。

4. 将蒜蓉盛入碗中，倒入干豆豉、葱花、剁椒、
   白糖和少许盐，拌匀待用。

5. 将扇贝壳排列在蒸格内，将泡软的粉丝沥干
   水后码在每个壳中，再将贝肉放在粉丝上。

6. 在每个扇贝上都浇1大勺蒜蓉豆豉，大火蒸
   5分钟后关火，1分钟后取出。

7. 将2勺油烧热至冒白烟。在每个扇贝上撒上
   少许葱花，浇上1大勺热油即可。

Tips

1. 将锅充分烧热再下蒜蓉，可防止蒜蓉粘锅。下
   锅前可用水冲掉蒜的黏液。

2. 蒜蓉易炒焦，翻炒时一定要注意火候，关火
   后可用余热继续翻炒。蒜蓉不用完全炒熟，半
   生半熟时味道才更丰富。

3. 剁椒可以用新鲜辣椒切碎代替。调料里的豆
   豉和剁椒都有咸味，要注意盐的使用量。

4. 蒸扇贝时，时间不宜过长，否则会使肉质变硬。

法式白酒贻贝

法式白酒贻贝算是西餐里的一道海鲜经典，鲜活的贻贝在充满白葡萄酒香的汤汁中蒸煮，只熟到刚刚开口。揭开锅盖的那一刻香气四溢，贝肉饱满又鲜嫩。天下的美食，或多或少都能找出些异曲同工之妙。就像贝类要吃鲜活的，烹饪时要掌握火候这些道理，不论中国人还是法国人都能明白。现代社会，食材和菜系已经打破了地域的限制，求同存异是个大趋势。要学会从别人的菜式中找出相似，体会差异。

原料

原料	用量
贻贝	1 千克
白葡萄酒	200 毫升
紫皮洋葱	3 个
蒜	3 瓣
黄油	25 克
橄榄油	1 大勺
香叶	1 片
欧芹	1 小把

Tips

1. 将贻贝放进冷水中，能闭合的就是活的，死掉的贻贝丢弃不用。
2. 可将紫皮洋葱换成白洋葱和葱白。
3. 白葡萄酒宜选用甜度低香气浓郁不发酸的。
4. 注意火候，贻贝煮太长时间贝肉会缩小。

1. 把贻贝的系带扯掉，外壳洗刷干净，沥干水分待用。
2. 紫皮洋葱切成细丁，蒜压蓉，欧芹切碎待用。
3. 热锅倒入黄油和橄榄油，加热至黄油化开，倒入洋葱丁和蒜蓉，放入香叶炒香，至洋葱变透明并开始变黄。
4. 将贻贝倒入锅里，倒入白葡萄酒，并立即盖上锅盖，用中高火加热一两分钟，见贻贝全部开口即可关火。
5. 起锅装盘，撒上欧芹碎即可。

大闸蟹炒年糕

中秋节之后的大闸蟹一天比一天肥美，长满了一身甜肉，连足尖里都有得嗽。切半后下锅爆炒，让蟹肉的甜和蟹黄的香都融进汤汁，牢牢地裹在软软的年糕上。吃的时候一定不能顾忌形象，非得手口并用，舔着手指才算不辜负这美味。

原料

大闸蟹	5 只
年糕	250 克
姜	1 小块
小葱	3 根
黄酒	2 大勺
蚝油	2 大勺
鱼露	1 小勺
白糖	1 小勺
香油	1 小勺
白胡椒粉	1 小撮
香醋	几滴
马铃薯淀粉	适量

Tips

1. 螃蟹一定要吃活的，可以戳一下螃蟹的眼睛检查它会不会动。
2. 鱼露和蚝油都可以增添鲜味，也可将鱼露换成酱油。

1. 姜切丝，葱切段待用。

2. 将大闸蟹放入沸水中煮 15 秒左右。揭壳，去掉尾部、蟹鳃和蟹嘴，将蟹身剪成两半。

3. 将螃蟹切面在马铃薯淀粉中蘸一下，下锅煎炸至变色，捞出待用。

4. 锅内留少许底油，爆香姜丝、葱段，留少量葱段最后再放。

5. 蟹块回锅，倒入年糕。加入黄酒、鱼露、蚝油和白糖，加一碗水焖煮一会儿。

6. 待年糕煮软、汤汁浓稠时滴入香油，撒白胡椒粉，再滴几滴醋，翻匀后立刻关火出锅。

西班牙海鲜饭

西班牙海鲜饭其实是个统称，配料非常多样化，除了最出名的海鲜，也可以放鸡肉、香肠、蔬菜等。西班牙海鲜饭有它专用的米，买不到也可以用日本越光米，或是东北产的稻花香代替。另外这道饭最重要的原料是番红花，缺了这个就不能称为西班牙海鲜饭，只能叫海鲜炖饭了。番红花有种很特殊的香气，它会把西班牙海鲜饭染成标志性的金黄色，如果实在买不到，也可以用姜黄粉或是咖喱粉代替。

原料

海鲜饭专用短粒米	200 克
鱿鱼	100 克
扇贝	5 个
大虾	4 个
贻贝	200 克
西班牙辣肠	1 小节 约 50 克
红甜椒	1/2 个
小番茄	2 个
紫洋葱	1 个
蒜	2 瓣
青豆	1 小把
烟熏红椒粉	1 小勺
番红花	1 小撮
白葡萄酒	150 毫升
海鲜高汤（或鸡高汤）	约 450 毫升
欧芹	1 小把
柠檬	1 个
橄榄油	2 大勺
现磨黑胡椒碎	适量
盐	适量

Tips

1. 准备海鲜的时候要保证大小一致，如果虾和扇贝特别大则需要剖半，这样海鲜才会熟得均匀。

2. 倒入葡萄酒后要等闻不到酒精味的时候再倒入高汤。

3. 最好一次把高汤的量加到正好，不要多次添加。不过因为不同的米吸水性不同，可以先预留少许高汤，然后视情况而定。最后的成品尽量不要有太多水分。

4. 制作时，所有液体的体积是米的 3 倍，要把葡萄酒考虑在内，海鲜在烹饪过程中溢出的汁水也要算在内。

5. 加入高汤后要立刻加盐，因为在这之后就不能翻动锅中的食材了。

6. 在煮米饭的时候要时不时地移动、转动锅，保证每个部分都受热均匀。

7. 加入海鲜后可以把火略调大，同样时不时地移动锅，怕熟得不均匀可以盖上锅盖焖一会儿。

8. 最后的成品尽量收干汤汁，能有一层锅巴就最理想了。

1. 蒜压蓉，洋葱和甜椒切小丁，番茄去皮、切丁，欧芹洗净切碎，西班牙辣肠切片待用。

2. 贻贝扯掉系带、刷洗干净，鱿鱼去掉内脏和软骨，撕去表皮后切成圈，将扇贝肉清洗干净，大虾开背去虾线。将海鲜沥干、待用。

3. 将高汤烧到热而不沸待用。在平底锅内倒入一点儿橄榄油，中火炒香洋葱两三分钟至透明，下蒜蓉略炒。

4. 加入番茄、甜椒和欧芹碎（留一点儿最后摆盘用）炒 2 分钟至番茄出汁、甜椒略软。

5. 加入烟熏红椒粉、海鲜饭专用短粒米和番红花继续翻炒 2 分钟，下葡萄酒，撒入切成片的西班牙辣肠。

6. 等酒精挥发后倒入高汤，汤面要完全浸没米，加适量盐和黑胡椒碎调味，转小火煮 15~20 分钟，不要翻动。

7. 等基本上看不到水分的时候将所有海鲜均匀地铺在饭上，向下轻轻按压至半埋在饭中，撒上青豆。

8. 继续煮 10~15 分钟，将海鲜翻面一两次至海鲜全部煮熟，关火后撒上欧芹碎，摆上柠檬即可。

三文鱼奶油炖菜

冬天是一个大吃高热量食物而不会有罪恶感的季节！给大家介绍一道三文鱼奶油炖菜，香浓的白酱包裹着炖到软烂的大块蔬菜，还有外香里嫩的三文鱼，不论是配白米饭还是法棍都很适合。

我自己在家做炖菜时，一半吃，一半用来做焗饭，米饭上铺上炖菜，再撒上厚厚的一层奶酪，完美！

原料

三文鱼	250 克
土豆	1 个
胡萝卜	1 根
口蘑	5 个
西蓝花	1/4 个
油	适量
洋葱	1/4 个
牛奶	200 毫升
面粉	1.5 大勺
黄油	15 克
木鱼花	1 小把
米酒	适量
盐	适量
现磨黑胡椒碎	适量
热水	适量
米饭	适量
奶酪	适量

Tips

1. 使用木鱼花是为了给汤汁增加一点儿鲜味，能更好地衬托三文鱼的味道。
2. 三文鱼很容易碎，翻炒和最后炖煮的时候动作要轻柔一点儿。
3. 一开始炒白酱就加植物油能防止黄油变焦。
4. 做白酱的牛奶要用冷牛奶，分 2 次到入锅中，不停搅拌防止面粉糊结块。
5. 在最后加入西蓝花能保持其翠绿的色泽和爽脆的口感。

1. 土豆和胡萝卜切滚刀块，西蓝花、洋葱切小块，木鱼花塞进汤包。

2. 将三文鱼颜色不鲜艳的部分切除，切成一口大小的小块，用少量米酒和1小撮盐腌10分钟。

3. 用厨房纸巾擦干三文鱼块表面渗出的汁水，不粘锅油热后倒入三文鱼，煎至表面焦黄、内部半熟的状态，备用。

4. 锅里加少量油，下洋葱炒出香味，下土豆、胡萝卜，倒热水没过所有的蔬菜，下木鱼花汤包和口蘑，小火炖。

5. 另起炖锅，倒入少许植物油，加入黄油，黄油化开后倒入面粉。

6. 炒至面粉稍微冒小泡之后分2次倒入牛奶，不停地搅拌，直到成为浓稠状的白酱。

7. 蔬菜煮软后取出木鱼花汤包，把蔬菜和汤汁倒入白酱锅中，加入西蓝花、三文鱼。

8. 轻轻地翻动均匀，加适量盐及现磨黑胡椒碎调味，汤汁收浓稠即可。

9. 烤碗中铺米饭，米饭上铺炖菜，再铺上厚厚的奶酪，180℃烤15分钟。

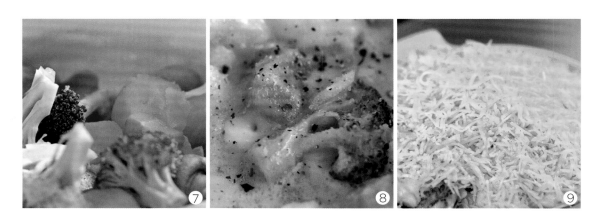

荷包蛋鲫鱼汤

天气燥热时，喝点清淡鲜美的鲫鱼汤吧。煎得两面金黄的荷包蛋，能给鲫鱼汤增添天然的鲜味，不需要任何鸡精、味精之类的调味料，鱼汤也能浓郁鲜美。

原料

鸡蛋	4 个
鲫鱼	2 条
小葱	3 根
蒜	5 瓣
姜	1 小块
豆腐	350 克
香油	几滴
料酒	1 大勺
开水	适量
盐	适量

Tips

1. 煎过的荷包蛋能起到天然味精的作用，让鱼汤的味道更加鲜美。

2. 煮鱼汤时加入开水，火力稍大让鱼汤一直沸腾，出锅之前再加盐，注意这些细节就能煮出奶白色的鱼汤。

1. 将小葱打结，姜切丝，蒜去皮，豆腐切小块。

2. 起油锅，打入鸡蛋，煎到两面金黄后出锅待用。

3. 将鲫鱼下锅，将两面煎至鱼皮金黄。

4. 煎鱼的同时炒香蒜瓣、姜丝，倒入开水、料酒、豆腐和煎好的荷包蛋。

5. 开中火，让鱼汤煮沸约 8 分钟，至汤色奶白。

6. 滴入香油，加盐调味，放入葱结，即可出锅。

香煎鳕鱼

鱼类料理总是让许多人望而却步，鱼有腥味，肉质易散，还要能将火候控制得恰到好处。确实是对厨艺有小小要求的食材。其实厨房新手可以从简单的煎鱼排开始练手，避免去鳞去内脏这些令人不快的准备。

原料

鳕鱼排	2 片
	约 350 克
黄油	2 大勺
面粉	2 大勺
柠檬	1/2 个
细香葱末	2 大勺
橄榄油	适量
盐	适量
现磨黑胡椒碎	适量

Tips

1. 在鱼排上抹面粉可将外皮煎得金黄，并防止鱼肉变散。

2. 煎鱼排只需要翻一次面（鱼皮一面完全定形，整块鱼煎至八成熟时再翻面）。

3. 如果用冷冻鱼，可以在煎鱼时加些蒜片、姜片去腥，新鲜鱼排只用柠檬汁即可去腥。

4. 若将鱼排横切（周围一圈是鱼皮），两面煎的时间可以均等，但也只翻一次面，避免鱼肉变散。

1. 在鳕鱼排两面均匀地撒上盐和黑胡椒碎后，再均匀地抹上一层面粉。

2. 热锅倒橄榄油，将鱼排鱼皮朝下，中火煎三四分钟后翻面，再煎一两分钟。

3. 鱼排基本煎熟时转小火，放入黄油，用勺子把黄油不停地舀起来浇在鱼身上。鱼排起锅、盛盘。

4. 把柠檬汁挤入锅中，煮开后立即关火，把黄油柠檬酱汁倒在细香葱末上拌匀，浇在鱼排上。

松鼠鳜鱼

从小就知道，年夜饭桌上绝不能缺了这道"年年有余"的鱼。虽只是讨个彩头，可经过一代代人的口口相传，也就成了一种传统。将肥嫩的鳜鱼去骨，打出花刀，宽油炸过后，鱼肉会自然呈现出蓬松舒展的状态，活像是松鼠毛茸茸的大尾巴，再浇上红艳艳的酸甜口酱汁，一端上桌就会成为整个餐桌的主角，尤其会受到孩子们的欢迎。

原料

鳜鱼	1 条 约 800 克
河虾仁	50 克
冷冻玉米粒	2 大勺
松子	1 大勺
料酒	1 大勺
盐	适量
玉米淀粉	1 碗
油	适量

酱汁

番茄酱	4 大勺
米醋	1 大勺
生抽	1 小勺
白糖	3 大勺
水淀粉	2 大勺
盐	适量

Tips

1. 鳜鱼的鱼鳍有很粗、很尖的刺，处理鳜鱼时要小心。

2. 片鱼肉的时候用锋利一点儿的刀，会更好操作。

3. 将鱼身上裹淀粉的时候，注意鱼头内侧和鱼身花纹间隙不要遗漏。

4. 炸鱼头的时候注意固定鱼头的形状，方便之后摆盘。

5. 炸鱼身的时候不要翻动，浸在油里的鱼身部分无须用热油浇。

1. 处理鳜鱼，将鱼头切下，从鱼的背脊处入刀，沿着背部的大刺切到脊椎。

2. 贴着鱼的肋骨将鱼肉片下来，到尾鳍和身体连接的末端停刀，不要把鱼肉切断。

3. 用厨房用剪刀把鱼脊椎的尾端剪断，让两片鱼肉在尾部连在一起。

4. 在鱼肉内侧斜刀将鱼肉切横片，再把鱼肉纵向划开，不要切断鱼皮。

5. 鱼肉和鱼头中加料酒、盐，抹匀，腌制半小时，河虾仁中加盐、料酒、玉米淀粉，抓匀，腌半小时。

6. 腌好的鱼用厨房纸擦干表面的水分。将鱼肉顺着花刀的纹理翻下。用玉米淀粉裹满鱼头和鱼肉，抖掉多余淀粉。

7. 油温约六成热，炸到鱼头金黄焦脆出锅，将切了花刀的鱼身内面翻出，将鱼尾从两片鱼肉中翻折。

8. 炸到鱼定形，将热油浇到鱼肉没有被油浸没的部分，炸到鱼身金黄焦脆即可出锅。

9. 关火，待油温稍降之后炸虾仁，炸 30 秒即可出锅。

10. 另起锅，倒少量油炒到番茄酱出红油，加入米醋、盐、生抽、白糖，加少许水煮开。

11. 加入水淀粉勾芡，加入冷冻玉米粒，关火。

12. 酱汁浇在炸好的鱼上，撒上炸好的虾仁和松子，即成。

Part 4
蔬菜素食

香煎洋芋擦擦

洋芋擦擦这道菜是指把洋芋，也就是土豆擦成丝后，或蒸或炒或煎。纪录片《舌尖上的中国》所介绍的这道菜，是把土豆丝煎成金黄焦脆的饼状，既是菜也是主食。虽说土豆丝是擦出来的，但对刀工有信心的人当然也可以切，稍微粗点细点没太大关系，只要切得尽量均匀就行。其实我挺喜欢切土豆丝的，这是个练习刀工的好机会，每次一切起来就停不下来。

原料

土豆	4 个 约 500 克	花椒面	1/2 小勺
面粉	50 克	白胡椒粉	1 小撮
小葱	2 根	香油	1 小勺
红辣椒	1 个	米醋	1 小勺
蒜	1 瓣	盐	适量
		油	适量

1. 将土豆去皮，擦丝，或切细丝，浸在清水中泡洗至水清澈，沥干水分待用。

2. 小葱切葱花，红辣椒切碎，蒜压蓉。

3. 将土豆丝倒入大碗中，加盐拌匀，倒入面粉拌匀，让每根土豆丝都均匀地粘到面粉。

4. 倒入蒜蓉、花椒面、白胡椒粉、米醋和香油，拌匀。

5. 平底锅热油，将土豆丝倒入锅，转中小火。

6. 土豆丝摊开成饼状，表面抹平整，盖上锅盖，中小火煎三四分钟。

7. 打开锅盖后翻面，继续煎 3 分钟至两面都金黄焦脆即可出锅，切块、摆盘、上桌。

Tips

1. 选土豆时，要选淀粉含量稍低的，这样吃起来口感软中带脆。

2. 如果喜欢焦脆的口感，就把饼摊得薄一点儿，若锅不够大就分两次进行。

3. 除了煎，也可以把洋芋擦擦拌好后蒸着吃，蒸熟后蘸用酱油、醋、蒜拌成的调味汁食用。

蒜香蘑菇

食材的搭配千变万化，有的水火不容，有的如胶似漆。蘑菇和蒜头就是很好的榜样。

这道蒜香蘑菇，可以做前菜，可以配酒，最好的还是配面包。以蘑菇为主角，以蒜香为主味，黄油的加入更是使这道菜的味道在鲜甜上再加香甜，欧芹的加入使得这道菜的味道更加清爽。虽然这道菜做法简单，但味道却绝不简单。

原料

小白蘑菇	200 克
蒜	3 瓣
欧芹	1 小把
橄榄油	2 大勺
黄油	2 块
盐	适量
现磨黑胡椒碎	适量
鸡汤（选用）	适量

Tips

1. 洗蘑菇的时候动作要快，不要将蘑菇长时间浸泡在水里。
2. 黄油易焦，化黄油时，火力不要太大。
3. 蘑菇煎香、煎黄后再下盐。

1. 将蘑菇清洗干净，彻底擦干水，蒜切成细末，欧芹切碎。
2. 在平底锅内放入橄榄油和黄油，黄油略化开后放入蒜末。
3. 出香味后下蘑菇翻炒，让蘑菇的两面略微煎黄，撒入适量盐，转小火焖一会儿。可以加入适量鸡汤。
4. 中间翻炒几次，约 5 分钟后见蘑菇出汁、缩水即可。
5. 加入现磨黑胡椒碎和欧芹碎，关火，拌匀即可。

油醋汁土豆沙拉

这道菜非常适合搭配烧烤，不同于一般用蛋黄酱调味的日式土豆沙拉，这道用油醋汁调味的意大利式土豆沙拉口感清爽，也不用担心会摄入过多的热量。味道也不显平淡。制作时，最好选用皮薄肉嫩的新土豆。油醋汁的沙拉也要讲究味道平衡，调味要有咸有酸又有甜。

我在制作这道沙拉时，没有用太多的材料，就是简简单单地突出新土豆本身的清甜。你也可以再加入别的食材，生菜、黄瓜、橄榄、奶酪都可以随意搭配，让这道土豆沙拉兼顾配菜和主食的角色。

原料

新土豆	400 克	欧芹	1 小把
小番茄	5 个	雪莉醋	2 大勺
	约 120 克	橄榄油	3~4 大勺
迷你甜椒	2 个	蜂蜜	1/2 大勺
	约 70 克	盐	适量
蒜	1 瓣	现磨黑胡椒碎	适量
紫洋葱	1/4 个		

1. 新土豆洗净后煮熟。

2. 将小番茄切半，甜椒切块，洋葱切丁，欧芹切碎，蒜压蓉待用。

3. 在干净的瓶子里倒入雪莉醋、橄榄油和蜂蜜，摇匀即为油醋汁。

4. 将土豆沥干水分后稍放凉，趁热切成小块。放入大碗中，撒入适量盐。

5. 倒入切好的番茄、甜椒、洋葱、欧芹和蒜蓉，浇上油醋汁，撒上现磨黑胡椒碎拌匀。

Tips

1. 根据个人喜好可将土豆煮熟后剥去皮，土豆不要煮得太绵软，能用叉子轻易地插进去即可。

2. 油醋汁的比例一般是1份醋兑2份油。

3. 也可以将雪莉醋换成红酒醋、意大利黑醋或是柠檬汁。

4. 趁土豆还热的时候加入盐和油醋汁，这样，土豆就能充分吸收味道。

干锅秋葵

近几年秋葵突然就在国内火了起来，原来在市场还比较少见的食物，一夜之间大家都在卖。秋葵和山药一样，有很多黏黏的汁水，喜欢的人趋之若鹜，不喜欢的人看都不看。

很多人问我秋葵怎么做好吃，今天就教大家干锅秋葵的做法，也许你从此会爱上它！

原料

秋葵	250 克
红辣椒	2 个
白糖	适量
香菇	50 克
香油	1 小勺
盐	适量
洋葱	1/2 个
香醋	1 小勺
白胡椒粉	适量
腊肉	80 克
生抽	1 大勺
油	适量
蒜	6 瓣
香菜	适量

Tips

1. 洗秋葵前先用少量盐搓一遍，再用水洗，秋葵表面的绒毛就会去除。
2. 秋葵焯水之前在水里加盐和油，能让秋葵保持翠绿的色泽。
3. 在土锅内表面涂油，能在一定程度上防止粘锅。

1. 秋葵用刀削去根部较硬的皮和蒂，焯水后待用。
2. 将蒜压破、去皮，洋葱切丝，腊肉和香菇切片。
3. 将锅预热，加少量油，用厨房纸抹开，再加入适量油。
4. 放入蒜，炒至表面发皱后，加入腊肉炒至出油。
5. 加入洋葱、香菇、秋葵、盐，翻炒均匀后，转最小火，盖上锅盖焖 5~8 分钟。
6. 加入生抽、香醋、糖、白胡椒粉，快要出锅时加入红辣椒和香油，撒上香菜即可。

蒋侍郎豆腐

不知道大家有没有看过《随园食单》这本书，它是一位叫袁枚的清朝才子写的类似于食谱大全的书。书中的文字轻松易读，内容也很有趣。

一直以来我都很想试试书中记载的各种菜式，最近终于得空做了一道，是袁枚从他朋友蒋侍郎那儿得来的"蒋侍郎豆腐"。食材都很家常，但做好之后，发现豆腐在猪油、甜酒和海米的作用下，味道变得特别鲜美，果然是蒋侍郎诚不欺我。

书中这样写道：豆腐两面去皮，每块切成十六片，晾干，用猪油熬，清烟起才下豆腐，略洒盐花一撮，翻身后，用好甜酒一茶杯，大虾米一百二十个；如无大虾米，用小虾米三百个；先将虾米滚泡一个时辰，秋油一小杯，再滚一回，加糖一提，再滚一回，用细葱半寸许长，一百二十段，缓缓起锅。

原料

小葱	1 小把
北豆腐	500 克
海米	20 个
酒酿	250 克
生抽	3 大勺
水淀粉	1 大勺
猪油	2~3 大勺

猪油

猪肥肉	500 克
清水	适量

Tips

1. 熬猪油时加水是为了让猪肥肉受热均匀，防止加热过程中局部焦黑，保证猪油白皙透亮。

2. 熬猪油的锅选用锅体较厚、受热均匀的材质。

3. 熬猪油之前加的水会在加热过程中蒸发，水分完全蒸发之后猪脂肪才会析出油脂，所以熬好的猪油中不会有水。

4. 熬猪油时一定要用小火。

5. 觉得猪油味道太腥，可以放一些姜或大料一起熬。

6. 熬过油的猪油渣可以用来炒小青菜或者做饺子馅。

7. 豆腐加水煮的过程中，如果觉得水少了，可以随时添一点儿。

8. 勾芡的水淀粉不要多，1 汤匙就够了。

1. 将海米用清水泡软，小葱切段。

2. 将猪肥肉入锅，倒入清水半没过猪肥肉，大火将水煮开，转小火，将锅中水分蒸发之后要时不时地翻动，防止锅底焦煳。

3. 当锅中析出的油脂呈浅金色、猪油渣呈金黄色，滤出猪油渣。

4. 切掉豆腐比较粗糙的表层，再切成厚片。

5. 将平底锅烧热后，加入猪油，放入豆腐，用小火煎，底面煎黄之后，翻面。

6. 用厨房用纸擦去多余的油，加入泡软、沥干水分的海米和葱白。

7. 将酒酿滤出汁，倒入锅中，倒入1小碗水，水开后用小火煮半小时。

8. 煮到海米变软，拣出葱白，加入生抽，轻轻地拌匀。

9. 加入水淀粉勾芡，放入葱叶后即可。

生拌西瓜皮

生活中，我不是个斤斤计较的人，但在厨房里我是绝对的节俭派，不愿浪费任何食材，也不愿扔掉食材的任何可食用部分。我不会为了整齐划一的土豆丝而扔掉土豆的两头，也不会为了厚薄均匀的彩椒片而扔掉彩椒柄。

对食材的节俭，除了可以省钱之外，更重要的是能给我带来一份安心感。都说直到近代社会人类才真正解决了食物短缺的问题，在那之前的漫长岁月里，大多数的人都难逃饥饿的威胁。即使在不用为食物发愁的今天，我们依然保留着不浪费食物的本能。

买西瓜时我们总是习惯性地敲一敲挑一挑，可再有经验的人，也难免会马失前蹄。若是切开的那一刻发现挑到个瓜皮又白又厚的瓜，也许你首先想着西瓜皮该怎么吃，也就不会太失望了。

原料

中等大小	
西瓜的瓜皮	1/2 个
盐	适量
蒜	1/2 瓣
香油	1 大勺

Tips

1. 瓜皮靠近外层绿皮的部分口感较硬，所以生拌西瓜皮时要将外层多切掉一些。

2. 留少许红瓤，能让西瓜皮稍带甜味。

3. 口味重一点儿的可以再加些米醋、花椒油或剁椒之类的调料调味。

1. 西瓜皮纵向切大块，去掉瓜皮外层的绿色部分，再去掉红色的瓜瓤。
2. 将处理好的西瓜皮切成条，放入大碗中。
3. 撒入约 1/2 小勺盐，拌匀后稍微腌制 15 分钟左右。
4. 将瓜皮中腌出的水倒掉，将蒜压成蒜蓉放入碗中，加入香油拌匀即可。

Part 5

腌菜酱料

XO 瑶柱酱

XO 酱是香港人发明的，主要的用料就是瑶柱（干贝），所以也叫瑶柱酱。除了瑶柱外，再加入海米和火腿来增鲜，有的配方里还会加咸鱼，据说每个粤菜大厨在制作 XO 酱时都有自己不愿外传的秘方。自己做 XO 酱步骤可以简化一点儿，但瑶柱和火腿是必不可少的两个主味。XO 酱的用途太广泛了，炒饭的时候加一点儿，最平凡的炒饭也立刻变得活色生香。包饺子、包包子，加一点儿在肉馅里，提鲜效果立竿见影。有这样一瓶自己做的万能酱料，就像是个最可靠的朋友，永远在触手可及的地方默默支持你，让人感到安定而幸福。

原料

原料	用量
干贝	150 克
金华火腿	100 克
海米	50 克
辣椒面（用 10 个干辣椒磨碎）	2 大勺
蒜	1 头
洋葱	2 个（约 250 克）
料酒	5 大勺
蚝油	5 大勺
生抽	2 大勺
白糖	1 大勺
黑胡椒碎	1~2 大勺
植物油	500 毫升

Tips

1. 准备食材时，尽量将各种食材切得大小一致，这样炸的时候才能熟得均匀。

2. 如果掌握不好油温和食材下锅的顺序，可以将每一样食材都分别炸，全程中小火，防止炸煳。

3. 如果喜欢吃辣，可多放辣椒。

4. 成品如果油量不够，可以再烧一点儿油，烧热后倒进去，保证所有食材被油浸没，这样可以延长保存时间。

5. 将做好的 XO 酱放置几天，各种食材的味道互相融合后更具风味。

6. 开瓶后冷藏，每次取用时都用干净的器具。可以保存至少一两个月。

1. 将干贝和海米洗净，清水加 1 大勺料酒浸泡 1 个小时以上。

2. 将洋葱切成细丁，蒜剁成蒜蓉。

3. 海米切成碎末待用，干贝和金华火腿一起上锅蒸 15 分钟。

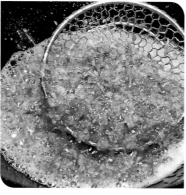

4. 将干贝撕成细丝，火腿切成和海米碎差不多大的丁，将干贝和火腿蒸出的汤汁留用。

5. 向锅里倒油，烧至五成热，转中小火，倒入干贝丝炸 5 分钟至变成浅金黄色。

6. 倒入海米碎和火腿碎，继续炸 3~5 分钟，至这 3 种食材都脱水，变成金黄色。捞至另一口锅里待用。

7. 倒入洋葱碎，继续炸 5 分钟左右，至洋葱变黄，下蒜末，至洋葱碎和蒜末都焦黄。

8. 在干贝、海米、火腿中加入料酒、生抽、蚝油和糖，倒入蒸干贝和火腿析出的汤汁，拌匀后用小火熬。

9. 将干贝、海米和火腿倒回油锅中，加入辣椒面和黑胡椒碎，拌匀即可。

草莓果酱

果酱是个看起来很简单，但实际上制作时的注意事项写都写不完的东西。不要以为做果酱只是用糖把水果煮到浓稠，其实制作过程远远不止这么简单。就拿要用多少糖来说，就算你希望做好的果酱不要太甜，在加糖的时候也要考虑很多因素。下面就跟着我开心又科学地做果酱吧。

原料

草莓	500 克
白砂糖	350 克
柠檬	1 个
黄油	1 大勺

Tips

1. 测试果酱是否达到凝结点时先关火，避免煮过头。
2. 判断果酱是否达到凝结点时，没有温度计可以舀1勺果酱在冰过的碟子上，半分钟后用手指推一下果酱，如果表面形成一层薄膜并且略微皱起，手指上也没有沾到液体状的果汁，就代表果酱达到凝结点了。
3. 果酱煮好后要趁热尽快装瓶。
4. 果酱瓶煮过后瓶盖会变松，需再次拧紧。
5. 密封后的果酱在阴凉避光处可以保存1年，开封后放冰箱可以保存1个月。

1. 草莓去蒂，切成 4 块，放进碗中，加 175 克白砂糖，室温腌渍 2 小时，或放入冰箱内腌至隔夜。

2. 将草莓连汁倒入平底锅，大火煮沸，加入剩下的白砂糖，挤入柠檬汁，加入黄油。

3. 用大火一直煮，让锅里的草莓保持沸腾状态，时不时搅拌一下防止糊底。

4. 果酱瓶和盖子放进汤锅，小火煮至少 15 分钟进行消毒。

5. 果酱温度煮到 105℃即可关火，撇去果酱表面的浮沫。

6. 将瓶子用夹子夹出来沥干水，趁热将果酱倒入瓶子内，倒至离瓶口 1 厘米处。

7. 用蘸湿的纸巾小心地把沾到果酱的瓶口擦干净，注意手不要碰到瓶口。

8. 盖上瓶盖，趁热拧紧，放进深锅内，加开水没过瓶盖，煮沸后用中火煮至少 15 分钟，取出冷却，再次拧紧即可。

蛋黄酱

第一个发现蛋黄妙用的人也许并不了解这背后的化学知识，但蛋黄酱的出现，确实给料理界开辟了一片新天地。最常见的用途除了拌沙拉之外，蛋黄酱也可以作为面包、白煮蛋、油炸食品等的蘸料。

自制蛋黄酱质地柔滑厚实，蛋香浓郁。没有过多的刺激酸味，味道非常柔和。淡黄色的细腻乳霜看起来就很吸引人。试试看吧，也许你就会理解为什么人们对它如此挚爱。

原料

蛋黄	1 个
植物油	150~250 毫升
盐	1/4 小勺
柠檬	1/8 个
清水	适量

Tips

1. 因为在制作时需要用到生蛋黄，所以需要用新鲜鸡蛋。植物油可以用葡萄子油、色拉油、玉米油等清淡无味的油，可以再按个人口味兑入一定比例的橄榄油。

2. 刚开始向蛋黄中加油的阶段一定要耐心，不要加得太快，防止水油分离。

3. 在蛋黄酱中加入蒜泥就是蒜泥蛋黄酱，还可以再加少量红酒醋、欧芹碎、黑胡椒等调料。

4. 做好的蛋黄酱冷藏后食用味道更好，可以冷藏保存 3 天。

5. 若是水油分离，可以再拿一个蛋黄来补救，把水油分离的混合物当作植物油，慢慢加入新的蛋黄中搅拌，最后再补足油的用量即可。

1. 蛋黄加盐后打散。

2. 植物油一滴一滴地加入蛋黄中，边加边用打蛋器不断搅拌。

3. 当加入了几勺油之后，蛋黄会变得非常黏稠，这时挤入柠檬汁。

4. 继续边搅拌边往蛋黄中加入植物油，可以稍微加快速度，每次加入1小勺后拌匀。

5. 当蛋黄酱开始变得又干、又油亮的时候，加入1小勺清水拌匀。

6. 直至所有的植物油全部加入蛋黄中，再用适量清水调节蛋黄酱的浓稠度即可。

韩式辣白菜

泡菜的酸味来源于发酵过程，也就是天然菌群繁殖过程中产生的乳酸所带来的酸香的风味。这个生态系统受很多因素影响，盐加得太多，会抑制乳酸菌发酵，加得太少，又无法抑制杂菌繁殖，导致腐败。温度太高，发酵过度会太酸，温度太低又同样会抑制发酵。

正因为每一个微小的变量，都会影响最后的味道，更别说每个人经验和耐心程度也都不同，所以百家百味，同一个配方，不同的人做出的味道也是不同的。有时候我也很好奇，即使完全按照我的菜谱操作，不知道其他的人做出来又是什么味道呢？

原料

白菜	1 棵（约 500 克）
盐	1 大勺（约 15 克）
清水	150 毫升
韭菜	2 根
苹果	小半个（约 40 克）
蒜	5 瓣
姜	1 小块
鱼露	1 大勺
糯米粉	2 大勺
韩式辣椒粉	4 大勺
白糖	1 大勺

Tips

1. 操作过程中手和容器都要干净无油。

2. 腌白菜时用海盐味道比较好，大概需要 3% 的盐。

3. 煮糯米糊时要用小火，防止结块。

4. 腌好的白菜要漂洗以去掉表面的浮盐，若是尝后觉得太咸可以多洗几次（白菜太咸会影响发酵）。

1. 将白菜切成两半，在叶片之间均匀地撒盐后揉搓，腌 6~8 小时。

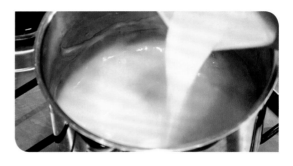

2. 在锅内加入清水和糯米粉，小火边加热边搅拌至鼓起大泡，关火，拌入白糖，放凉待用。

3. 姜和苹果去皮、擦泥，蒜压蓉，倒入放凉的糯米糊，加入鱼露和韩式辣椒粉，拌匀。

4. 清水漂洗白菜，挤干水分，放在大盆里待用。

5. 韭菜洗净、沥干后拍一下根部，切成手指长的段，和辣椒面糊拌匀。

6. 腌料抹在白菜上，每一片叶片都掰开，把腌料仔细抹在菜帮上，菜叶部分抹少许即可。

7. 抹好腌料后，用菜叶包起菜帮，放在保鲜盒里，盖上盖但不扣紧，室温下放置一两天。

8. 放入冰箱内，继续低温发酵 5~7 天即可食用。

自制雪菜

雪菜经过腌制后，盐的作用能让辛辣味转化成清新的香气。雪菜的吃法有很多，炒肉末、炒年糕、煮清汤、蒸鲜鱼，既可作为提味的配角，也能变为配粥的小菜。

原料

雪菜	适量
海盐	适量

1. 雪菜晾干至叶片上没有水分。分几次均匀地撒上盐，每一层叶片间都要撒盐。

2. 用手轻轻揉搓菜梗至稍微变软，盖上保鲜膜，室温下放置半天至菜叶出水、盐粒全部融化。

3. 把雪菜连水一起装进保鲜袋，放入冰箱，小雪菜需要一两天，大雪菜需要四五天。

4. 腌好的菜取出后清洗干净，再用清水浸泡半小时去掉多余盐分。

5. 挤干多余水分后切碎即可。

Tips

1. 腌菜最好用海盐，不要用精盐。

2. 盐的用量为雪菜重量的 3%-5%，一般每 500 克菜加入约 1.5 大勺的盐。

3. 雪菜腌制前要完全晾干，不能有残余水分，可以在阳光下晒半天至叶片微微发蔫。

4. 操作过程中的器具和手都要干净无油污。

5. 腌好的菜可以在冰箱保存至少 1 周的时间，但因为含盐量较低，还是尽快食用为宜。

五香萝卜干

萝卜干食用方便，存一罐在冰箱里，可以充当小菜，也可以在炒菜没灵感的时候，撒一把切碎的萝卜干，立刻就能提味。调制各种肉馅时加一点儿萝卜干，还能起到去腥解腻的作用。

很希望能有个凉爽起风又有阳光的日子，在院子里晒上一批萝卜，看它们随着太阳西沉，慢慢地皱缩起来。

原料

小萝卜	约 1.8 千克
盐	2 大勺
花椒面	1 小勺
五香粉	2 小勺
白砂糖	2 大勺

Tips

1. 萝卜洗净后无须去皮，这样口感会发脆。

2. 若用大萝卜，则切成 2 厘米的粗条。

3. 用盐腌制过后尝一尝，若是太咸可以用清水冲一遍再晾晒。

4. 不要把萝卜晒得太干，表皮略微皱起即可。

5. 萝卜干越咸存放的时间越长，可自行调整咸度。

1. 将小萝卜去蒂及根须，连皮洗净、沥干，拌入盐，揉匀后腌制两三个小时。

2. 将腌好的萝卜摊开，在通风处晾晒一两天，或用食品烘干机烘 8 小时左右至表面干燥。

3. 将花椒面和五香粉在锅里干炒片刻，炒出香味后关火放凉。

4. 将炒过的花椒面和五香粉以及白砂糖拌入萝卜干里，用力揉匀。

5. 将萝卜干装入干净的玻璃瓶里，压紧密封。天冷时可以室温存放，天热则需要放冰箱，3~5 天后再吃。食用时拌入麻油或红油。

自制剁椒

爱吃的人肯定爱逛食品市场，看着各色新鲜食材码得整整齐齐，让人由衷地愉快。之前为了去一个批发市场赶早市，凌晨 4 点爬起来，和一群餐厅采购们一起打着呵欠挑挑拣拣。批发市场的食材都特别水灵，这样鲜嫩饱满的红辣椒在超市可见不到。用这样的红辣椒做自制剁椒，可以按自己的口味来，比市售的还要好吃。而且，自制剁椒做法简单，用料也非常精简。

剁椒有很多的用途，除了蒸剁椒鱼头外，鸡肉、排骨或是各种素菜都可以用剁椒来蒸。也可以代替新鲜辣椒加到凉菜里，不论什么菜都会立马变得鲜辣美味。

原料

红辣椒	1 千克
蒜	2 整头
姜	约 70 克
细海盐	4~5 大勺
白糖	2 大勺
高度白酒	3 大勺

Tips

1. 制作剁椒时所有的食材和器具都要干净、无油。

2. 用料理机打碎剁椒时要避免打得太碎，打几秒钟就停一下，不要用高速一直打。

3. 若使用精盐，用量可以适当减少。调味时尝一下，剁椒要比炒菜略咸一点儿。

4. 盐的用量很重要，盐放少了剁椒味道会发酸，也不易存放，放多了太咸也不好吃。如果喜欢略带酸味的剁椒，可以少放一点儿盐。

5. 剁椒用消毒过的瓶子装好后要放入冰箱保存，每次取用时都要用干净、无油的器具。

1. 姜、蒜去皮、切末。

2.红辣椒洗净后晾干、去蒂，怕辣可以去掉白瓤和辣椒子。

3.辣椒用刀切碎，或是用料理机打碎。

4.将处理好的姜、蒜末和辣椒碎放在大碗里。

5.加入细海盐、白糖和高度白酒拌匀。

6.盖上保鲜膜，在室温下放置一天后再装瓶压实，密封后放冰箱内保存，一周后即可食用。

麻辣火锅底料

这款麻辣底料用处很多，不仅可以做火锅底料，还可以做麻辣香锅、麻辣烫或是麻婆豆腐、水煮肉之类的菜。这次我做的是基础版本，可以再增加甜面酱、蚝油、酒酿等自己喜欢的配料。

麻辣火锅的底料分荤油派和清油派，荤油是用牛油作为基底，也有人喜欢加猪油或鸡油，冷却后会凝结成块状。我是清油派的，用植物油做基底，熬好的火锅底料不会凝结。

待要吃火锅时用高汤兑上适量的底料，就是红汤锅底了。市售火锅底料大多味精味过重，试试自制的火锅底料吧，保证不会让你失望。

以下原料可以做 2~4 次火锅

原料

郫县豆瓣酱	3 大勺	八角	8~10 个
油辣椒	3 大勺	桂皮	4 片
剁椒	3 大勺	丁香	8 个
干豆豉	2 大勺	香叶	5 片
植物油	350 毫升	草果	6 个
		肉蔻	4 个
干香料		茴香子	1 小勺
		整粒黑胡椒	1 小勺
花椒	3 大勺	干辣椒	30 个

Tips

1. 将香料泡软、打碎再熬制能最大限度地提取香味，但要过滤去香料渣以免影响口感。

2. 将酱料打碎成泥也是为了避免大颗粒杂质影响口感，若不介意也可以只将干豆豉略切碎。

3. 整个过程都要用小火，不小心烧焦香料或是酱料会让成品发苦。

1. 将所有的干香料洗净，用热水浸泡半小时至软化。

2. 泡软的香料沥干，用料理机打碎，呈木屑状。

3. 郫县豆瓣酱、油辣椒、剁椒和干豆豉用料理机打碎成泥状。

4. 将油全部倒入锅内，再倒入之前打碎的干香料，冷锅冷油开小火，慢熬15~20分钟。

5. 等香料碎都变得焦黄干燥时，用滤网将熬好的香料油过滤到另一口锅内。

6. 之前打成泥状的混合酱料倒进香料油里，继续用小火熬约15分钟即可。

咸鸭蛋

腌咸鸭蛋有干腌和水腌两种方法。干腌就是我介绍的这种，水腌是将鸭蛋浸泡在饱和盐水中。两种方法各有千秋，水腌比较慢，但腌得均匀，还能加点五香料变成五香咸鸭蛋。

干腌比较快，也更简单，将鸭蛋先后饱蘸白酒和细盐就行了。不过干腌就怕腌得不均匀，有的鸭蛋出油有的不出油。解决方法很简单，拿一张保鲜膜把每一个鸭蛋单独包起来，这样就不用担心盐粘得不牢，腌制时从鸭蛋上掉下来了。

要想蛋黄出油，鸭蛋需要腌制 25~30 天。这时候蛋白会比较咸，可以拿来炒南瓜、炒饭、炒青菜等。只腌 20 天左右，虽然蛋清不咸但是蛋黄也不会出油。腌好后要洗掉表面的盐，不然会越来越咸。去盐后放在冰箱，可以保存 2 周。

原料

新鲜鸭蛋	12 个
高度白酒	100 毫升
细盐	150 克

1. 将新鲜鸭蛋的蛋壳上蘸满白酒，在细盐中滚一圈，让鸭蛋表面均匀地裹上一层盐。
2. 用保鲜膜将鸭蛋裹起来，在太阳下曝晒半天。
3. 将鸭蛋放回原本的纸盒中，在阴凉处腌制 25~30 天，每周将纸盒翻转一次。
4. 腌好的鸭蛋冲净浮盐，倒入没过鸭蛋的冷水，大火煮开后小火煮 8-10 分钟即可。

Tips

1. 用保鲜膜将鸭蛋单独包裹，以及腌制前在太阳下曝晒，都可以帮助蛋黄出油。
2. 在腌制过程中翻面，是为了让鸭蛋内部腌得均匀。
3. 不同大小的鸭蛋腌制 25-30 天蛋黄才会出油，但是蛋白会比较咸。若要蛋白不太咸可以只腌 20 天左右。
4. 腌好的鸭蛋冲掉表面的盐，擦干后放入冰箱保存，鸭蛋就不会越来越咸。

Part 6

甜点烘焙

轻乳酪蛋糕

制作所有的基础蛋糕中，我觉得失败率最高的当数轻乳酪蛋糕。用料简单，步骤却细致又烦琐。每个细节都照顾到，才能得到完美的结果。这是一款典型的日式蛋糕，做起来劳心劳力，需要耐心和细致。

早先初做轻乳酪的时候，一不小心失败了，连做几次都会出现各种小问题。结果一发不可收拾，抱着不撞南墙不回头的决心，我把所有能犯的错都有意或无意地犯了。那段时间简直是着魔的状态，我将各种成功或失败的因素一一列出，控制这个变量调整那个变量，一个一个试。几天之内用掉了无数的食材，冰箱里塞满了成功或不成功的蛋糕，附近超市里的鸡蛋都要被我承包了。

以下原料可以做一个 6 寸的圆形轻乳酪蛋糕

原料

原料	用量
奶酪	125 克
全脂牛奶	80 毫升
黄油	25 克
中等大小鸡蛋	3 个
细砂糖	60 克
低筋面粉	20 克
玉米淀粉	10 克

Tips

1. 尽量选新鲜的鸡蛋，这样蛋清和蛋黄更容易分离，蛋清也能更好地打发。

2. 注意蛋清的重量，配方中用的是中等大小的鸡蛋，3 个蛋清共 90~95 克。如果鸡蛋很大可能只需要两个半蛋清就行了，拿不准的话可以称一下。

3. 蛋清打发程度决定了最后面糊是否能搅拌均匀，过度打发的蛋清也会让蛋糕开裂。正确的打发程度是到湿性发泡，可以超过一点儿，但绝对不要到中性发泡。蛋白霜看起来细致有光泽，拉起的蛋白霜会有自然下垂的大弯钩，还保留了一点儿流动性。

4. 在混合蛋黄面糊和蛋白霜时不要打圈也不要用力搅拌。拌好的面糊应该是浓稠、细腻、没有大气泡的。如果发现面糊不容易拌匀，说明蛋清可能打发过头了。

5. 水浴用的烤盘不要太大，不要和烤箱的底面积一样大。

6. 如果用小烤箱，要在我给出的温度基础上升高 10~20℃。

1. 将鸡蛋的蛋清、蛋黄分离。

2. 向小锅内倒入少许开水后，在锅上放个大碗，让碗底能接触到热蒸气，而不是直接接触热水，在碗中倒入奶酪、全脂牛奶和黄油，让奶酪和黄油化开。用打蛋器把这 3 种食材混合成顺滑无颗粒的奶酪糊。

3. 将蛋黄逐个加入到奶酪糊中，每加入 1 个蛋黄都要快速搅拌一下，让蛋黄与奶酪糊混合均匀。

4. 将低筋面粉和玉米淀粉混合过筛，分 2 次倒入奶酪糊中，用打蛋器搅拌成顺滑的面糊。

5. 将面糊过筛，去掉残留的小疙瘩，包上保鲜膜放入冰箱冷藏约 20 分钟，至面糊变得较为浓稠。

6. 取 1 小块黄油涂抹在模具内部，在底部垫上烘焙纸。烤箱预热至 160℃。

7. 在面糊冷藏得差不多时再打发蛋清。在蛋清中加入 30 克细砂糖，用厨师机或打蛋器中速打发至起大泡，将厨师机调至中高速继续打发，再加入剩下的细砂糖，将蛋清打发至湿性发泡即可。

8. 将打发好的蛋清转移至搅拌盆中待用。先取 1/3 蛋清加入到冷藏过的奶酪面糊中，翻拌均匀，再将剩下的蛋清倒入面糊中，继续用翻拌的手法拌匀。

9. 将面糊倒入模具中，放入 1 个比蛋糕模具略大的烤盘中，再往烤盘内注入约 2 厘米高的清水。注意不要让蛋糕模具漂浮。

10. 送入烤箱最下层，先160℃烤20分钟，然后，用130℃烤约 60 分钟至蛋糕完全烤熟。

11. 将烤箱门开个小缝，让蛋糕在烤箱内自然冷却半小时再拿出来脱模。

12. 脱模后的蛋糕冷却至室温，放入冰箱冷藏至少 4 小时后再食用。

经典海绵蛋糕

海绵蛋糕的做法在网上能找到无数，但我还是决定发一个我自己的版本。这个方子只有鸡蛋、面粉、糖和黄油这 4 种原料，没有任何其他能起到辅助作用的材料，做法也是最简单的，做出来的蛋糕有怀旧的味道，就像小时候吃过的裹着油纸的蛋糕那样，散发着最纯粹的蛋香。

方子里的面粉是中筋面粉，最后做出的蛋糕非常蓬松，但称不上特别轻盈，吃起来口感略显扎实。不过我还挺喜欢这种质地的，总觉得味道这么质朴的蛋糕就应该是这样的。

以下原料可以做一个直径为 18 厘米或 20 厘米圆形海绵蛋糕

原料

鸡蛋	4 个
中筋面粉	
（或低筋面粉）	125 克
细砂糖	125 克
黄油	55 克

Tips

1. 打蛋盆不要直接接触到下面的热水，防止蛋液被烫熟。

2. 如果使用电动打蛋器，将打蛋盆放在热水上，开小火加热下面的锅，让锅里的水保持接近沸腾的状态，这样有助于鸡蛋的打发。

3. 要时刻注意蛋液的温度，不要过热。

4. 翻拌面粉的时候从底部铲起面糊，动作要轻柔，不要过度搅拌。

5. 黄油化开后也要试一下温度，跟体温相近即可，如果过热也要降温后再使用。

6. 烤箱的温度要根据实际情况调节，如果是大烤箱可以在烤到一半的时候将温度调低10℃，防止中间鼓起。

7. 烤好的蛋糕完全冷却后再脱模、切块。

1. 将烤箱预热至 180℃，在蛋糕圆模底部垫上烘焙纸。

2. 将 4 个鸡蛋打入盆中，放在一锅开水上，盆底不要碰到水。

3. 用打蛋器搅拌鸡蛋，直至鸡蛋温度升至 35℃左右。

4. 将蛋液从开水锅上移开，加入细砂糖，用打蛋器或厨师机高速搅打鸡蛋。

5. 用厨师机高速搅打约 5 分钟后，转低速打半分钟，至蛋液体积变大，颜色变浅，蛋糊滴下时画 "8" 字形纹路不会马上消失。

6. 将面粉分 3 次筛入蛋糊，翻拌均匀。

7. 将黄油放入微波炉，用中火加热 20 秒至化开。

8. 盛出 2 勺面糊与黄油拌匀后再倒回剩下的面糊中，翻拌均匀。

9. 将面糊倒入模具中，振两下去掉大气泡，放入预热至 180℃的烤箱烤 30 分钟。出炉后再振两下去掉热气，倒扣在网架上放凉即可脱模。

摩卡戚风蛋糕

戚风蛋糕是典型的打发式蛋糕,以打发的蛋清来提供蛋糕蓬松的基础。大致的做法就是将蛋黄和面粉等其他原料拌成蛋黄糊,然后将蛋清打发,再将两者结合在一起。而要将两者很好地结合在一起,使最后的面糊细腻均匀又不消泡,关键在于蛋黄糊和打发蛋清的质地和密度。

在所有蛋糕中,戚风蛋糕的口感是最轻盈松软的,我觉得只要达到这一点,就可以算是成功的。玩烘焙,最重要的是享受过程,成功或失败,都不影响我们在其中找到生活的乐趣。

以下原料可以做一个直径为 18 厘米的圆形戚风蛋糕

原料

戚风蛋糕

鸡蛋	4 个
细砂糖	100 克
咖啡	70 毫升
低筋面粉	60 克
可可粉	20 克
玉米淀粉	5 克
白醋	几滴
植物油	40 毫升

摩卡奶油

鲜奶油	500 毫升
可可粉	1 小勺
速溶细咖啡粉	1 小勺
细砂糖	40 克
香草精	几滴
黑巧克力	适量

Tips

1. 做蛋糕时要选用新鲜的鸡蛋,更容易打发。

2. 植物油要选用没有明显味道的,葵花子油、玉米油之类的都可以。咖啡选用普通的、不加奶、不加糖的白咖啡,放凉即可。

3. 不要将蛋清打发过头,将打蛋器提起来时能形成稳定的、略下垂的小尖角即可,不需要打发到完全的干性发泡。

4. 可可粉会消泡,拌面糊时动作要尽量快速、轻巧,拌好的面糊要即刻送入烤箱。

5. 烤熟的蛋糕用手轻轻按压会感觉有弹性且表皮干燥。若是按下去无法回弹,说明蛋糕没烤熟,要立刻送回烤箱继续烤。

6. 这个配方做出的蛋糕会高出模具,所以出炉后有轻微回缩是正常的。若是回缩严重或塌陷,可能是没烤熟或是蛋清打发的状态不对。

7. 注意不要将奶油打发过头,太硬的奶油会抹不平整。

1. 将烤箱预热至 160℃。将蛋黄和蛋清分离，往蛋黄中倒入约 2 大勺细砂糖，搅匀，再将剩下的细砂糖取出1/3与玉米淀粉拌匀待用。

2. 一边搅拌蛋黄，一边慢慢地倒入植物油，混合均匀，再倒入咖啡，拌匀。

3. 在蛋液中筛入低筋面粉和可可粉，用打蛋器搅拌成均匀的蛋黄面糊。

4. 将蛋清打发，起泡后滴入白醋，再用中高速持续打发蛋清，同时将没有拌入玉米淀粉的细砂糖一勺勺地加入蛋清中。

5. 将蛋清打发至超过中性发泡，但还没有达到干性发泡的程度，取 1/3 蛋清加入蛋黄糊中拌匀，再将蛋黄糊倒回剩下的蛋清中，用刮刀翻拌均匀。

6. 将拌好的面糊倒入模具，抹平表面，振出大气泡。

7. 送入预热至 160℃ 的烤箱中，烤 40 分钟。

8. 出炉后将烤好的蛋糕立即放出热气，倒扣放凉。

9. 往冷藏过的鲜奶油中加入可可粉、咖啡粉、细砂糖和香草精，用打蛋器拌匀后手动打发，至奶油出现纹路，但还有一定流动性时即可停止。

10. 用刀刃在黑巧克力上垂直地刮出巧克力屑，收集起来待用。

11. 将彻底冷却的蛋糕脱模，平均切成 3 片，将奶油抹在每一层蛋糕上，大致抹平整即可。

12. 最后在蛋糕上撒上一层巧克力屑即可。

提拉米苏蛋糕

在意大利文里，提拉米苏（Tiramisu）有唤醒或是振奋的含义，想来和其中含有咖啡和酒精有关。马斯卡彭奶酪带来的柔滑，咖啡和杏仁酒带来的香浓，足以俘获人心。传统提拉米苏是以手指饼干作为基底，和奶酪奶油糊层层堆叠而成。因为质地柔软，一般是盛放在容器里，用勺子舀着吃。不过我觉得换个思路也未尝不可，为什么不用海绵蛋糕作为基地，直接做一个提拉米苏口味的蛋糕呢？

以下原料可以做一个直径为 7 寸或 8 寸的圆形提拉米苏蛋糕

原料

鸡蛋	4 个
细砂糖	100 克
低筋面粉	125 克
黄油	50 克
香草精	1 小勺

馅料

浓咖啡	100 毫升
意大利杏仁酒	80 毫升
马斯卡彭奶酪	500 克
鲜奶油	500 毫升
糖粉	35 克
可可粉	20 克

蛋糕装饰物

可可粉	适量
糖粉	适量

Tips

1. 如果使用手持打蛋器，可以将打蛋盆置于热水上，并开小火加热下面的锅，让锅里的水保持接近沸腾的状态，让蛋液温热，这样有助于鸡蛋的打发。

2. 翻拌面粉的时候从底部铲起面糊，动作要轻柔，不要过度搅拌。

3. 黄油化开后也要试一下温度，跟体温相近即可，如果过热也要降温后再使用。

4. 出炉后立即振出热气并倒扣，可以有效地防止蛋糕回缩。

5. 咖啡我用的是 2 杯意式特浓，如果用速溶咖啡粉，就泡得浓一些。

6. 奶油与马斯卡彭奶酪混合后很容易打发，完全可以手动蛋抽子，用机器的话要注意不要打发过头，一般不超过 30 秒就能打发好。

7. 杏仁酒可以换成朗姆酒或是白兰地，去掉酒精也可以。

8. 涂抹奶油时可以分两次，第一次薄薄抹一层，封住蛋糕碎屑，第二次再厚抹一层，用刮刀抹平整。

9. 有时间的话最好能冷藏三四个小时，让各种材料可以融合在一起，味道会更好。

1. 把鸡蛋用厨师机中高速打发至起大泡，分 3 次加入细砂糖，继续打发至表面出现纹路。

2. 换成低速继续搅打至蛋液细腻，加入香草精。

3. 将烤箱预热至 180℃。向蛋糊中分 3 次筛入低筋面粉，翻拌均匀。

4. 将黄油放在大碗里，微波炉加热 20 秒至化开，先将少量面糊倒入后混合拌匀，再将剩余面糊倒入混合，翻拌均匀。

5. 在模具内抹黄油，底部铺上烘焙纸，将面糊倒入模具，振两下去掉大气泡。

6. 送入烤箱，烤 30 分钟。出炉后立即振两下，倒扣在架子上放凉。

7. 将浓咖啡泡好，倒入杏仁酒后混合均匀，放凉待用。

8. 将化开的马斯卡彭奶酪与糖粉一起用厨师机中速打发至顺滑。

9.倒入鲜奶油，继续用中速打发至出现明显纹路。

10.将上一步的混合物分成两等份，向其中一份加入可可粉拌匀。

11. 将冷却好的海绵蛋糕平分成 4 片，取 1 片蛋糕，刷上咖啡杏仁酒液，抹上 1/2 的可可奶酪奶油。

12.再盖上 1 片蛋糕，刷上咖啡杏仁酒液，抹上 1/2 原味奶酪奶油。

13.依次盖上剩下的蛋糕，刷咖啡酒液，抹上可可味和原味的奶酪奶油。

14.到最后一层时，只在表面抹上薄薄一层，将剩下的奶酪奶油装入套有圆形裱花嘴的裱花袋里。

15.在蛋糕表面挤上奶酪奶油作装饰，放入冰箱冷藏三四个小时。

16.上桌前筛上可可粉和糖粉即可。

火腿奶酪面包

同样是发酵面食，面包和我们传统的包子馒头有本质不同。烤制的面包要想出炉后依然保持蓬松柔软，全靠揉面过程中形成的面筋。这些面筋搭建起一个细密又规则的网状结构，将淀粉和油脂均匀分布其间。然后在酵母的作用下，发酵后形成均匀的孔洞，这样就能得到蓬松柔软的面包。

也许你听说过很多面包专用术语，例如拉丝、浸泡、先油后油、中种、扩展、手套膜等。对于新手来说，做面包的第一步并不是搞清楚这些天花乱坠的术语，而是切切实实地用你的双手，去体会面团的生命力。

原料

高筋面粉	250 克
白糖	1 大勺
盐	1/4 小勺
即溶酵母	1 小勺
清水	115 毫升
鸡蛋	1 个
黄油	40 克
火腿	4 片
切达奶酪丝	60 克
蛋液	适量
青海苔粉	适量

Tips

1. 揉搓面团要用正确的手法，才能快速而省力地形成面筋。

2. 第 1 次发酵面团温度不宜过高，稍慢的发酵速度能让组织更细腻均匀。

3. 第 2 次发酵要注意保湿，如果没有制造水蒸气的条件，就要用保鲜膜盖住面包。

4. 烤好的面包要完全冷却后再密封保存。不要放在冰箱内。如果能在 2 天内吃掉的话，室温保存即可。

1. 将高筋面粉、白糖、盐、即溶酵母、鸡蛋混合在一起，慢慢加入清水，和成面团。

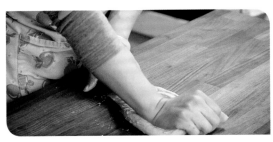

2. 在案板上一手按住面团靠近身体的一端，一手向外搓，再将搓出去的面团折回。重复几次后将面团转 90 度，再重复向外搓的动作。揉 5 分钟，至表面光滑且不太粘手。

3. 若能将面团拉出还比较薄但不透光的膜，就可以开始加入黄油，将软化黄油分 3 次包入面团中，每次加入黄油后都要揉到面团将黄油完全吸收。

4. 将面团在手中抓着的那端向外折叠，抓住面团的侧边，转 90 度后再重复折叠的动作。重复 5~8 分钟，至面团柔软有弹性。

5. 若能将面团拉出薄而透光，不容易扯破的薄膜，且薄膜破掉的边缘比较光滑，即可结束揉面。

6. 将面团团成球形，放进涂抹过黄油的大碗中，盖上保鲜膜，25℃左右室温下发酵一两个小时，至面团发至两倍大。

7. 将发酵好的面团往下按压排出气体后，移至案板上，面团中的气体完全排出后，稍微揉一两分钟至面团再次变得比较光滑。

8. 将面团分割成 4 等份，每份都团成球形，盖上保鲜膜醒 5 分钟。

9. 在案板上撒非常薄的一层干粉，取一份面团，擀成比火腿片略大的椭圆形。

10. 包入火腿片卷起来，将接口处和两端都捏紧。

11. 将面卷的两端合拢捏紧，收口朝下放在案板上。

12. 纵向割开面卷，往两侧展开即可。将 4 份小面团整形，放在垫有烘焙纸的烤盘上。

13. 放入烤箱，在烤箱最下层放入装有热水的烤盘，让面包在水蒸气的作用下，二次发酵约 30 分钟，至体积增至两倍大。

14. 取出热水和烤盘，将烤箱预热至 180℃。

15. 在发酵好的面包上刷一层蛋液，撒上奶酪丝。放入烤箱中下层烤 20 分钟，至奶酪化开，面包表面烤至金黄色即可出炉。

16. 出炉后立即移到架子上放凉，可以趁热撒上些青海苔粉装饰。

土凤梨酥

近年来市场上流行一种土凤梨酥，本来是指用台湾原生的土凤梨来做内馅，后来衍生为纯菠萝馅凤梨酥。

在动手制作之前，我特意去超市买了几种不同品牌的凤梨酥回来对比，感觉凤梨味确实都淡了些。相比而言，自家手制的土凤梨酥，用纯菠萝做成内馅，甜而微酸，果香浓郁，搭配上酥松的外皮，确实是货真价实的美味。

凤梨馅

1. 将去皮菠萝纵向 4 等分，把中间的硬芯切下来。将果肉和果芯分别切片，切碎。

2. 将菠萝倒入锅里，加细砂糖，大火熬煮收汁。

3. 至果肉变得透明发黏，锅底没有多余果汁时，倒入麦芽糖。转小火收干水分，内馅变黏稠并呈现微微焦糖色。

4. 盛出凤梨馅，平铺在盘子里放凉。

原料

凤梨馅

去皮菠萝	1 个 约 750 克
细砂糖	80 克
麦芽糖	50 克

酥皮

低筋面粉	125 克
奶粉	25 克
黄油	125 克
全蛋液	1/2 个 约 25 毫升
细砂糖	20 克
盐	1 小撮

5. 待内馅基本上凉至室温时，均分成 20 份，每份约 15 克；放入冰箱冷藏约 30 分钟待用。

Tips

1. 菠萝也可以用食品料理机打碎，果肉和果芯要分开处理。

2. 加糖的量可以根据菠萝本身的甜度有所调整，不过糖越少，内馅熬煮的时间越久。

3. 麦芽糖可以增加内馅浓稠度，没有的话换成等量细砂糖也可以。

4. 在用锅铲翻动时，若是发现果肉接触锅底的那一面发白，就说明内馅中的水分基本收干了。

酥皮

1. 将面粉和奶粉混合，加入1小撮盐，一起过筛。

2. 将软化到室温的黄油倒入厨师机，中高速打发至发白。

3. 倒入细砂糖继续打发，至黄油变得蓬松，体积膨大，颜色继续变浅。

4. 倒入全蛋液，打发至蛋液和黄油完全融合成乳霜状。

5. 厨师机调至最低挡，一勺一勺地加过筛后的粉，用刮刀翻拌到看不见干粉即可。

6. 将面团用保鲜膜包起来，放入冰箱冷藏约40分钟待用。

Tips

1. 奶粉可以增加香味，让外皮更酥松，没有的话也可以换成等量低筋面粉。
2. 不要过度搅拌，防止面团起筋。

1. 将冷藏好的凤梨馅搓成小球，表面撒上少许面粉防止互相粘连。

2. 将冷藏好的面团均分成 20 等份，每份 15 克左右。

3. 取一份小面团，搓圆、按扁，放入 1 个内馅，用虎口慢慢往上收口。

4. 收到一大半的时候，用手掌在两侧轻轻搓动，外皮会将凤梨馅完全包住。

5. 捏紧收口后滚圆，轻轻按扁，用手掌根来回滚动，做成类似棋子的形状。

6. 将烤箱预热到 170℃，把全部包好的凤梨酥送入烤箱，烤 10 分钟。

7. 翻面，再继续烤 5~8 分钟，至两面金黄。出炉后放凉，密封一晚后再吃口感更好。

Tips

1. 若感觉面团粘手，可以多冷藏一会儿。
2. 若面团冻得太硬，在包的过程中容易破掉，需要室温下静置一会儿回温。
3. 包的时候尽量让外皮厚度一致，没有破损。
4. 烤制中途翻面时要小心，没有模具辅助的凤梨酥是比较脆弱的。
5. 烤的时间不要太久，内馅过度受热膨胀会让凤梨酥爆开。若是出现轻微裂缝，冷却后会变得不明显。
6. 刚烤好冷却的凤梨酥外皮是硬的，密封一晚，回油后外皮会变得比较酥软。

英式司康

英式下午茶总是看起来花花哨哨的，在琳琅满目的各色甜点中，我最爱的，也是英式下午茶必不可少的，其实是外表朴素的司康。制作时，只需要面粉、牛奶、黄油、鸡蛋这些最常见的原料。

刚出炉的司康温热而松软，看起来像有点粗糙的蛋糕，或者比较厚实的饼干。抹上厚厚一层自制超大果粒草莓果酱，再舀上1大勺自制浓厚又冰凉的浓奶油，咬下去的那种满足感，给我再精致的甜点也不换。

原料

面粉	250 克
黄油	65 克
鸡蛋	1 个
泡打粉	3 小勺
盐	1 小撮
细砂糖	20 克
草莓干	50 克
牛奶	100 毫升

Tips

1. 将黄油加入面粉中时黄油的温度要低，揉搓时也尽量避免黄油软化。
2. 司康面团只要能成形就好，不要过度揉面。
3. 刚出炉的司康趁还有些温热时吃口感最好。

1. 在面粉中加泡打粉、盐和细砂糖过筛。

2. 加入黄油搓匀，将牛奶、鸡蛋搅匀，加入面粉中，和成团，留少许牛奶蛋液上色用。

3. 加入草莓干，随意揉两下。

4. 将面团轻轻按压，压成大约 2 厘米厚的圆饼，撒上少许面粉防粘。

5. 用饼干模具将面团切成 8 份小圆饼，将烤箱预热至 220℃。

6. 刷上牛奶蛋液，送入烤箱中层，烤 12~15 分钟。

蛋黄莲蓉月饼

记得我小时候第一次对月饼留下记忆，是在幼儿园里。中秋节那天老师给每个小朋友发了个月饼，随口说了一句"小朋友们要一边赏月一边吃哦"。那个月饼味道如何我早就忘了，但那晚的月色，倒确实是记住了。

许多人已经对市面上千篇一律的月饼失去了那份向往，而我还是会不厌其烦地在家做月饼，哪怕这是个麻烦又细致的活儿。有莲子清香的莲蓉，裹上手剥出来会流油的咸蛋黄，外面是一层薄薄的、有淡淡蜂蜜香味的饼皮，不会过于甜腻的自家手制月饼，也许能让你想起小时候捧着月饼赏月的快乐。

原料

咸鸭蛋	24 个	
蛋液	适量	

莲蓉馅

干莲子	150 克
细砂糖	120 克
植物油	80 毫升
盐	1/2 小勺
清水	适量

月饼皮

中筋面粉	180 克
蜂蜜	125 毫升
花生油	55 毫升
食用碱	1/8 小勺
	约 0.5 克
清水	1/2 小勺

莲蓉馅

1. 将干莲子用清水浸泡 6~8 小时，将每个泡软的莲子都掰开检查，去掉莲心。

2. 将莲子倒入炖锅，加水没过莲子，大火煮开后转小火煮约 2 小时，至莲子完全绵软。

3. 连汤一起倒入搅拌机，搅打成细腻的莲蓉。

4. 倒入不粘锅内，中火加热，分 3 次倒入植物油，每次都要等油被莲蓉完全吸收后再次倒入。

5. 倒入盐和细砂糖，搅拌至化开。

6. 持续翻炒，直到莲蓉中的水分基本蒸干，连成一整块。

7. 将炒好的莲蓉馅盛出，放凉待用。

Tips

1. 要耐心地将莲子煮到完全绵软、入口即化。
2. 倒入搅拌机后加入水的量要没过莲子。
3. 向莲蓉中加入植物油的时候要有耐心，让莲蓉把每次加入的油都完全吸收。
4. 莲蓉一定要炒到足够干，水分太多会让后面的饼皮过软，或是出现皮馅分离的情况。

月饼皮

1. 将食用碱倒入大碗中，加入清水溶解。

2. 倒入蜂蜜和花生油，用打蛋器搅打均匀。

3. 倒入面粉，用刮刀拌成面团。

4. 将面团用保鲜膜包裹，室温下醒一两个小时待用。

Tips

1. 食用碱的作用是帮助饼皮在烤制过程中上色，制作过程中不加食用碱，烤出来的月饼颜色会比较浅，但是不影响口感。

2. 蜂蜜可以换成等量的转化糖浆。

制作烘烤

1. 将新鲜咸鸭蛋敲碎，取出蛋黄，冲掉蛋黄上附着的黏液和蛋清，沥干后用厨房纸擦干待用。

2. 取厨房秤，放上盘子归零后，取一颗咸蛋黄和适量莲蓉，让蛋黄和莲蓉总重达到 35 克。依次将 24 份咸蛋黄和莲蓉称量好。

3. 取一份莲蓉，在手心搓圆、按扁，包入一颗咸蛋黄，收口后再搓圆，即是月饼馅料。

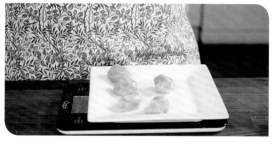

4. 将饼皮面团也分成 24 份，每份 15 克。

5.取一份面团，搓圆、按扁后包入一份馅料，用虎口处将饼皮慢慢往上推，直至全部包住馅料。

6.收口后搓圆，在表面薄薄地蘸上少许干粉，用手搓匀。

7.将烤箱预热到180℃。将月饼先搓成椭圆形，小心地放入模具中，按压在铺有硅胶垫的烤盘上，提起模具即可脱模。

8.将所有月饼送入烤箱，180℃先烤5分钟定形。

9.准备1个蛋黄和1大勺蛋清，混合成蛋液，用刷子蘸上少许蛋液，在烤过5分钟的月饼上轻轻地刷一层，送回烤箱，180℃再烤15分钟即可出炉。

Tips

1. 对材料重量的称量要尽量精细。

2. 在包制时感觉面团粘手，可以在手上抹少许手粉，但是尽量少用。

3. 用月饼皮包住馅料时要小心，收口处要仔细检查。

4. 月饼放入模具时要小心，不要碰破旁边月饼的皮。

5. 压月饼时力度适中，太用力会让月饼从模具中溢出。

6. 刷蛋液时，刷子上黏附的蛋液量一定要少，只要能在月饼凸起的花纹上薄薄附着一层即可，过多的蛋液会让花纹变得不清晰。尽量不要使用硅胶刷。

7. 刚出炉的月饼外皮是又干又硬，放凉后密封保存一两天，饼皮回油后才会变得柔软。

10.将月饼放到架子上放凉、放入保鲜盒密封保存一两天，待饼皮回油即可。

抹茶千层蛋糕

第一次听说千层蛋糕时，就觉得这是道很讨巧的甜点。把最普通的法式可丽饼，和奶油或馅料一层层堆叠起来，一下子就变身成华丽的蛋糕了。不需要烤箱，不需要打发鸡蛋，零经验零技巧的新手也能完美地完成。

若要说唯一的难点，应该就是煎可丽饼了。可丽饼是用鸡蛋牛奶调制的基础面糊摊成的薄饼，也就是法式煎饼，是整个欧洲都常见的街头小吃。街头卖的可丽饼是最普通的小吃，味道有甜有咸。就是这么简单的煎饼，再加一点儿抹茶粉在面糊里，再稍加用心，把饼皮煎得薄而柔软，然后层层叠叠地夹上新鲜现打的鲜奶油，就是清新可人的抹茶千层蛋糕。

你可以往奶油里加红豆沙做成红豆奶油，或是在中间夹一层新鲜草莓，或是在奶油间藏一点儿蜜红豆，让华丽度再升一级。不过有时候，最简单的就是最美的，翠绿和雪白的抹茶千层可丽饼，才是最让我着迷的。

原料

低筋面粉	240 克	鲜奶油	600 毫升
鸡蛋	4 个	香草精	数滴
牛奶	650 毫升		
软化黄油	50 克	**装饰物**	
抹茶粉	约 10 克		
细砂糖	170 克	抹茶粉	适量
盐	1 小撮		
植物油	适量		

1. 将低筋面粉、抹茶粉、90 克细砂糖和盐混合均匀，打入鸡蛋，用打蛋器把鸡蛋打散，同时与面粉和匀。

2. 边搅拌边分 3 次倒入牛奶拌匀。

3. 倒入软化黄油，轻轻搅拌面糊至基本顺滑。

4. 将面糊过筛，盖上保鲜膜后放入冰箱冷藏至少 1 小时。

5. 将平底不粘锅用小火预热，在锅底薄薄地刷上层植物油，倒入适量面糊，并立即摇晃锅子，使面糊摊成均匀的圆形薄饼。

6. 小火煎约 20 秒，待面糊表面凝固后用手翻面，再煎 8~10 秒即可出锅。

7. 重复步骤 6，煎出 21 张可丽饼。将饼趁热平铺、整齐叠放，盖上块干净的布，放凉待用。

8. 向鲜奶油中倒入 80 克细砂糖和香草精，隔冰块打发，至奶油表面呈现纹路，但还有一点儿流动性时停止。

9. 将冷却的可丽饼一张张分开，再取几张叠在一起，扣一个小盘子作为参照，切掉不整齐的边。

10. 取一张饼，铺上打发奶油，用刮刀抹平，再叠上下一张，依次进行直至完成干层蛋糕。

11. 放入冰箱冷藏至少 3 小时，取出后筛上抹茶粉，用刀切块即可。

Tips

1. 制作可丽饼基础面糊时，面粉 : 牛奶 : 鸡蛋 : 黄油 ≈2 : 3 : 1 : 0.5。液体混合物的体积是面粉的两倍多一点儿，具体牛奶、鸡蛋、黄油的比例可以略有变化。

2. 面糊冷藏后再煎会让煎饼更柔软，如有少许疙瘩也会在冷藏后消失。

3. 煎饼时要用小火，每次张饼面糊的用量尽量一致。

4. 注意翻面的时机，要等到表面完全干掉才不会翻破。

5. 打发奶油时注意不要打过头，太稀可以用抹刀多抹一会儿，若不小心打过头可以混入适量未打发的奶油补救。

6. 组装好的蛋糕要冷藏、定形后才会切得整齐。

平底锅奶酪面包

每次做烘焙总是好多人哭诉没有烤箱，今天我就教大家不用烤箱做面包，而且是热吃会爆浆的奶酪面包。

Tips

1. 包入奶酪馅时要仔细地把接口处都捏紧，避免煎的时候露馅。
2. 注意火候，一定要用最小火煎。如果炉灶的火力无法精准调节，可以先煎上二三分钟后关火，用余热闷 5~8 分钟。
3. 翻面时要非常小心，此时面包很软，小心不要破坏面包的形状。
4. 出锅前可以测试一下，轻轻戳面包侧面未上色的部分，若感觉有弹性就说明面包熟了，如果戳下去会留个小坑则没有完全熟透。
5. 也可以用烤箱烤，在二次发酵后刷上蛋液，送入预热至 180℃烤箱烤 15~18 分钟。

原料

高筋面粉	250 克
白糖	3 大勺
盐	1 小撮
即溶酵母	1 小勺
牛奶	125 毫升
鸡蛋	1 个
黄油	60 克
奶油奶酪	150 克
糖粉	100 克

1. 将高筋面粉、白糖、盐、即溶酵母混合均匀，倒入鸡蛋和牛奶，先搅成1个湿黏的面团。

2. 用厨师机低速或是手工揉面约 5 分钟，至面团稍微具有拉伸性。

3. 将室温软化过的黄油分 3 次加入面团中，每加入一次都要揉面至面团彻底吸收黄油。

4. 在案板上摔打、折叠面团 8-10 分钟，至面团光滑柔软不粘手，轻轻拉扯面团，能扯出半透光的薄膜即可。

5. 将面团放在温暖处发酵约 2 小时，至面团发至两倍大。

6. 等待发酵时，将室温软化的奶油奶酪和糖粉混合，搅打顺滑后放入冰箱冷藏待用。

7. 将发好的面团取出后按扁、排出气体，切成 8 等份，将每份都团成小球。盖上干净的棉布，让面团醒 5 分钟。

8. 取出 1 个小面团，擀成中间厚四周薄的圆片。

9. 包入 1 大勺冷藏过的奶酪馅，将接口处捏紧。包好所有奶酪包。

10. 将奶酪包放入平底锅中，盖上锅盖再发酵约 20 分钟。

11. 待奶酪都长大一点儿后，开最小火，盖上锅盖煎 8 分钟左右。

12. 小心地翻面，盖上锅盖再继续煎 5~8 分钟，即可出锅。

抹茶蜜豆卷

去日本旅行时，随便钻进一家咖啡馆，哪怕菜单上一个字都看不懂，你也可以闭着眼睛点一道抹茶蛋糕卷。这款充满和风的西洋果子几乎算是日本咖啡馆里的标配了。将清新的抹茶蛋糕、新鲜的奶油和甜甜的蜜红豆卷一个蛋糕卷，可以说是甜点爱好者无法逃脱的诱惑。

原料

鸡蛋	3 个	**蜜红豆**	
细砂糖	90 克		
低筋面粉	60 克	红豆	100 克
牛奶	60 毫升	白糖	100 克
油	25 毫升	盐	1 小撮
抹茶粉	1 汤匙		
奶油	300 毫升		

Tips

1. 煮蜜红豆时，要等红豆基本煮软后再加糖。

2. 打发蛋清时打至中性发泡就好，若蛋清打发过头，卷蛋糕时容易断。

3. 卷好的蛋糕冷藏定形后再切片蛋糕才不会散开。

1. 将红豆用清水浸泡一夜。

2. 将红豆倒入小锅里，先倒少量水至刚刚没过红豆，小火将红豆煮软。

3. 加入白糖和盐，煮至红豆完全软烂、水分基本蒸干即可。将煮好的蜜红豆冷却待用。

4. 将蛋黄与蛋清分离，蛋黄打散，边搅拌边慢慢加入油。

5. 加入牛奶拌匀后，再在蛋液中筛入低筋面粉和抹茶粉，拌匀成蛋黄面糊。

6. 准备好长方形烤盘，铺上烘焙纸。将烤箱预热至180℃。

7. 分两次向蛋清中加入 60 克细砂糖，打发至中性发泡。

8. 将 1/3 蛋清倒入蛋黄糊翻拌，再倒回剩下的蛋清中翻拌均匀。

9. 将拌好的面糊倒入烤盘铺平，送入预热好的烤箱，用 180℃烤 15 分钟。

10. 取出烤好的蛋糕后立刻脱模，放在架子上放凉。

11. 往奶油中加入 30 克细砂糖打发，之后拌入之前做好的蜜红豆。

12. 将蛋糕从烘焙纸上撕下来，抹上红豆奶油，卷起后用保鲜膜包裹起来，送入冰箱冷藏至少 1 小时定形。冷藏后的蛋糕取出切片即可。

全麦乡村面包

面包不仅是甜甜的、软软的，还可以是咸咸的、硬硬的。和添加了大量油糖的甜面包相比，只用面粉、盐和水的欧式面包一下子变成了备受追捧的健康食品。尤其是添加了全麦粉、黑麦粉或是各种果仁的杂粮面包，当作主食来吃非常健康。

新鲜出炉的、制作成功的欧式面包应该外皮薄而脆，内部湿润而柔软，咀嚼的过程中能清晰感受到浓郁的麦香。要做到这么完美，你需要彻底搞清楚面包的发酵、整形、烤制是怎么回事。

制作高品质的欧式面包时，一般都不会用干酵母直接发酵，而是使用酵头。利用这种方式做出来的面包，口感更好，保存期限也会相应延长。

波兰酵头，是近几年在全世界面包房里都很流行的一种酵头。制作波兰酵头只需要几分钟。第 2 天使用时，在酵头中大量的活性酵母作用下，主面团的发酵时间就能缩短。

欧式面包对烤制过程也有一定要求，传统欧包一定要用厚石板配合蒸汽来烤。厚厚的石板能蓄积热量，让面包迅速膨胀。而蒸汽能在一段时间内避免面包的外壳硬化，从而帮助面包膨胀得更大。用铸铁锅也是一样的原理，没有铸铁锅的话用砂锅来代替也是个不错的选择。

以下材料可以做两个 450 克的面包

原料

水	150 毫升
全麦面粉	200 克
高筋面粉	50 克
盐	10 克
速溶酵母	3.5 克

波兰酵头

高筋面粉	250 克
水	250 毫升
速溶酵母	0.2 克

Tips

1. 在波兰酵头或是全麦面团发酵时都要根据室温来调节时间，温度升高或降低几度都会大大影响发酵时间。如果想加快发酵过程可以适当多加些酵母，并将面团放在温暖处发酵。

2. 操作面团时要轻柔，尽量避免破坏面团里的气泡。

3. 铸铁锅预热后会滚烫异常，倒入面团时请注意安全。

4. 没有铸铁锅也可以用砂锅来烤面包。

波兰酵头

1. 将面粉、水、速溶酵母混合拌匀。

2. 在 20℃左右的室温下发酵约 12 个小时，至表面布满气泡，每隔 10~15 秒能看到 1 个气泡冒出来即可。

面包

1. 在发酵好的波兰酵头中倒入
150 毫升清水，稍微搅拌后
倒入厨师机的碗中，再加入
全麦面粉、高筋面粉、盐和
速溶酵母。

2. 用厨师机低速搅拌5~8分钟。

3. 机器停止后，用手蘸水后伸
到面团底部，将面团向中心
折叠，转一下碗，再重复折
叠几次。

6. 将每一半面团都折叠后团成球，切口朝下。

7. 将1份面团放入撒有面粉的藤编发酵篮，再次发酵约1小时，至面团发至基本满模。

8. 将铸铁炖锅送进烤箱，一起预热至240℃，再将发酵篮里的面团倒进铸铁锅，盖上锅盖送入烤箱下层，240℃烤30分钟。

4. 盖上保鲜膜，让面团在20~25℃室温下第1次发酵两三个小时至体积增至5倍大。

5. 将面团转移到撒了面粉的案板上，整形成椭圆形后切成两半。

9. 打开盖子再烤约10分钟，至表面上色即可。

玫瑰马卡龙

马卡龙口感确实很特别，味觉层次很丰富。亲手制作马卡龙，也成为了烘焙爱好者的一道关卡，有人望而却步，有人奋力闯关。

其实我一直有个观点，厨房里头无难事，大多数的失败只是因为没有找到关键点。制作马卡龙也一样，如果说烘焙是个爬山的过程，那么马卡龙确实是在高处，需要走过山下的路，有了经验才能到达。但也绝不是很多人想象的那么困难，只有高手或是经反复练习才能做到。

以下原料可以做大约 25 个马卡龙

原料

外壳

蛋清	3 个
细砂糖	75 克
杏仁粉	120 克
糖粉	150 克
玫瑰香精	1 小勺
红色食用色素	适量

夹馅

蛋清	2 个
细砂糖	70 克
黄油	200 克
玫瑰香精	1 小勺
红色食用色素	适量
盐	1 小撮

Tips

1. 杏仁粉的细致程度决定马卡龙表面的光滑程度。

2. 拌面糊时翻拌时间越长，面糊越稀。面糊浓稠度要掌握好，太稠了表面会有突起，太稀了容易出现空心。

3. 入烤箱前一定要晾干表皮，这是裙边出现的关键。但是也不要晾得太久，若是外壳完全定形再去烤，马卡龙会在烤箱里爆开。

4. 烤好的马卡龙要完全冷却后再揭下，否则会粘在烘焙纸上。若是冷却了还粘，说明烤的时间不够，没有完全烤熟。

5. 加热蛋清时要注意，不停搅拌防止局部过热，没有温度计就用手试温度，感觉略烫手就停止加热。

6. 要确定蛋白霜降至室温再加入黄油。

7. 黄油要完全软化后再加入。

8. 把黄油全部加入后可能会出现短暂的水油分离，不用担心，继续打发后会再度乳化、融合。

9. 打发好的奶油霜立即使用，放置一段时间或是冷藏后会变硬，如要再次使用，需要恢复到室温后重新打发。

外壳

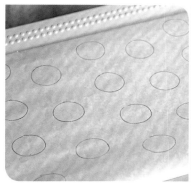

1. 准备好烤盘和烘焙纸。在烘焙纸上画若干个直径为 3 厘米的圆圈，每个圆圈之间留出间隔。

2. 将杏仁粉和糖粉混合后用料理机进一步打碎，过筛待用。

3. 将蛋清加细砂糖打发到干性发泡，加入红色食用色素拌匀。

4. 取一半步骤 2 的粉加入到蛋清，翻拌均匀后，再倒回剩下的一半粉，继续翻拌。

5. 倒入玫瑰香精，将面糊拌至均匀、浓稠，挑起刮刀，面糊应该会断断续续地滴落下来。

6. 将面糊倒入裱花袋中，把面糊均匀地挤在圆圈内，大约挤出 50 个马卡龙外壳。

7. 把烤盘摔两下，振出大气泡，用牙签修补面糊表面出现的小坑。

8. 让面糊在室温下风干约半小时，或是用烤箱的风扇功能（温度不超过 50℃）烘 10 多分钟，至表面形成一层不粘手的软壳。

9. 将烤箱开热风功能，预热到 160℃，放入烤盘后立刻降温至 140℃，烤 15 分钟。将烤好的马卡龙外壳连烘焙纸一起移至架子上放凉。

夹馅

1. 烧一小锅水，锅上放一个大碗，碗底不要接触到水。将蛋清、细砂糖和盐倒入碗中。

2. 开小火，用隔水加热法加热蛋清，同时用打蛋器不停搅打。

3. 至蛋清开始变得浓稠，温度达到 65℃时停止加热，倒入打蛋盆中，高速打发约 3 分钟，至蛋清呈现干性发泡。

4. 将完全软化好的黄油分四五次加入蛋白霜中（搅拌均匀后再次加入）。

5. 等加入全部黄油后，倒入香精和红色食用色素，继续打发成奶油霜。

6. 当奶油霜打发到完全柔软顺滑的状态时，装入裱花袋。

组装

1. 将完全冷却的马卡龙取下，两两配对，挤上奶油霜，将 2 个外壳合在一起。

2. 密封后在阴凉处放置一晚，味道更好。

Part 7

甜品小吃

酒酿

酒酿，也叫米酒或是醪糟，是糯米在酒曲的作用下发酵而成的。它除了可以直接吃或是冲甜酒外，还有很多别的用途。比如代替酵母发面做馒头，或是做老北京奶酪等等。

酒酿继续发酵会变成完全没有甜味的糯米酒，可以直接饮用或是当作料酒。做好的酒酿需要放冰箱保存，风味可以保持一个星期。若是放得久了，还是会慢慢地持续酒化，变成甜得醉人的老米酒。在冰箱放两三个星期差不多会到达这个程度。我最喜欢的还是跟小时候一样，拿个勺子直接舀着酒香浓郁的老米酒吃。冰凉而甜蜜，吃完晕乎乎地微醺，仿佛回到那无忧无虑的时光。

原料

圆糯米	2 千克
酒曲	4 克
凉开水	1.2 升

Tips

1. 糯米的选择上，也可以使用长糯米，不过圆糯米做出的酒酿更香甜。

2. 不同品牌的酒曲使用量不同，包装上一般会有说明。

3. 操作过程中用到的所有器具要彻底洗净，避免任何油污。用手搅拌时，最好戴上一次性手套，避免皮肤上的油脂接触糯米。

4. 如果一次蒸的糯米量比较多，可以中间翻搅一下帮助熟得均匀。

5. 酒曲不能完全溶于水，与糯米饭混合时要边倒边搅拌。

6. 加水的量不要过多，不要让拌好的米饭底部有多余的水分。

7. 发酵的环境温度控制在 30℃ 左右，不要超过 35℃。若室温很低，可将烤箱预热到 30℃ 左右，把酒酿放进去后立即关闭烤箱门，并停止加热，每 6-8 小时再加热一次。

8. 发酵时，可以放一个温热的热水袋在容器上，再包上棉被保温，每半天换一次水。同样注意热水袋温度不要太高。

9. 在拌好的酒曲中掏个酒窝其实是为了避免米饭内部温度过高，帮助糖化作用进行得彻底，想要特别甜的酒酿的话，可以在发酵 24 小时后搅拌一下。

10. 酒酿发酵过程中会产生二氧化碳，注意不要使用完全密闭的容器，严重的话会爆炸，切记。

11. 若是想赠送亲友，最好先将酒酿入蒸锅蒸到 80℃ 左右，让酵母菌失活，避免运送途中产生气体。

1. 淘洗 2 遍糯米，放在干净的容器内浸泡 3~6 小时。

2. 当糯米粒泡至可轻易碾碎时，将糯米倒在垫有纱布的蒸笼底部。

3. 用筷子在糯米上戳些小洞，水开后大火蒸 40 分钟左右，蒸至糯米没有硬心，粒粒分明即可。

4. 蒸好的糯米降至 30℃ 左右待用。

5. 酒曲捏碎，放入凉开水内化开。

6. 分几次慢慢倒入糯米中。边倒边搅拌，并轻轻把米粒搓散，直至均匀混合且无结团。

7. 拌好的糯米放入有盖的干净容器中，轻轻压平并在中心掏出 1 个直通底部的洞。

8. 盖上盖但不密封，放在 25~30℃ 的环境下发酵 36~48 小时。

9. 开盖检查，当发现米粒漂浮、有浓香的酒味、酒窝内有清澈液体渗出即可。

糖渍柚子皮

不论是哪一种食材，我都希望能尽最大的努力好好利用它，让它的存在，至少在我的手中是有意义的。除了葡萄柚之外，大个儿的沙田柚，或橙子、柠檬等等，只要是有一定厚度的柑橘类果皮，都可以像处理柚子皮一样糖渍。渍过的果皮会变得像软糖一样，清香甜蜜，完全看不出它本来有着被扫进垃圾箱的命运。

原料

葡萄柚皮	2 个
细砂糖	150 克
柠檬	1/4 个
盐	1 撮
清水	适量

Tips

1. 同样的方法，也适用于糖渍沙田柚、橙子、柠檬等。
2. 果皮和糖的比例大概是 1：1，就是处理好的果皮有多重，就用多少细砂糖。
3. 收干糖浆时注意火候，不要煮过头，否则糖浆会变硬或变成焦糖。
4. 锅里剩下的糖浆不要浪费，加水煮开就是柚子茶。

1. 柚子皮洗净，去除内侧白瓤并切条。

2. 柚子皮倒入锅中，加入清水和少许盐，大火煮开。

3. 柚子皮沥干后，再加清水浸泡隔夜。

4. 浸泡隔夜后的柚子皮沥干水后倒回锅中，再倒入清水，大火煮开后沥干。

5. 煮好的柚子皮倒入平底锅，加一半细砂糖。

6. 挤入柠檬汁，再倒入约150毫升清水。待细砂糖全部化开后，转小火煮10~15分钟。

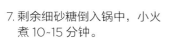

7. 剩余细砂糖倒入锅中，小火煮10~15分钟。

8. 糖浆收干至锅里冒白色泡沫时即可关火。

9. 拣出柚子皮，放在网架上放凉至室温。将柚子皮表面都蘸满砂糖即成。

葱油卷饼 & 黑芝麻糊

我的早餐，一定要是很快速就能完成的，最好营养全面，饱腹感强，容易消化。葱油卷饼和黑芝麻糊的组合，基本就能满足上述条件了。葱油卷饼可以事先把饼坯做好，冷藏或是冷冻，这样到早上只需要花二三分钟的时间就能煎好了。做法和手抓饼类似，但是不需要做得那么层次分明，饼里的油脂含量也比较低。刚煎好的葱油饼又热又香又软和，可以把任意的配菜卷在里面。吃起来有淡淡的香葱味，增进食欲同时也比较清淡。搭配一个超快手的简易黑芝麻糊，再切点水果，就是一套完整的营养早餐了。有甜有咸，搭配合理，吃到这样的早餐，一整天都会有满满的幸福感。

葱油卷饼

原料（4 个）

面粉	200 克
热水	130 毫升
盐	1/4 小勺
白胡椒粉	1/4 小勺
葱	2 根
香油	1 大勺
火腿	2 片
生菜	2 片
鸡蛋	2 个
黑胡椒碎	适量

Tips

1. 将面团尽量和软，多醒面会让擀饼的过程更容易。

2. 饼的厚度要适中，过厚口感太硬，过薄分层效果不好。

3. 煎饼时火不要太小，小火慢煎会让面饼的水分过度蒸发、口感不够柔软。

4. 冷藏只能保存一两天，冷冻则能保存较长时间。

5. 做好的葱油饼保存时，每层饼之间隔 1 层保鲜膜，保鲜膜接触到饼的部分要事先撒少许面粉。

6. 煎葱油饼时无须放油，因为饼子本身有足够的油分。

7. 煎葱油饼时，两面总共煎两三分钟即可，中间翻面两三次。

1. 葱切葱花待用，面粉中倒入热水，边倒边搅拌。

2. 揉成光滑的面团，包上保鲜膜醒 1 小时。

3. 面团切 4 等份，每份都按扁并擀成小饼，包上保鲜膜后继续醒面 10 分钟。

4.将小饼擀成较薄的长方形面片，均匀地抹上香油，撒盐、白胡椒粉和葱花。

5.将面饼卷成长条，并盘成小饼，包上保鲜膜，醒 10~15 分钟。

6.醒面完成后，将每个小饼都擀成四五毫米厚的葱油饼。

7.早餐食用时，将平底锅放在中火上预热片刻，放入葱油饼。

8.煎至饼面半透明后即可放入盘中。

9.中火，锅里放少许油，打入鸡蛋，倒热水，盖上锅盖煎约 1 分钟，至水气蒸发、蛋黄半凝固。

10.在葱油饼上放生菜、火腿片和煎蛋，撒上黑胡椒碎，卷起完成。

黑芝麻糊

原料（2 人份）

剩米饭	150 克
熟黑芝麻	50 克
白糖	20 克
开水	500 毫升

1.将剩米饭、熟黑芝麻和白糖倒入搅拌机，倒入开水。

2.高速搅打半分钟至顺滑即可。

Tips

1. 如果用生的黑芝麻，需要先炒熟。把芝麻放在干净无油的锅里，小火翻炒至出现轻微的"噼啪"声即可。

2. 喜欢喝浓稠的黑芝麻糊可以多加些米饭，按个人喜好调整使用量。

芋圆红豆汤

现在想吃一碗芋圆不是什么难事，街上的甜品店四处开花，价钱也不贵。可这样家常的小吃，总觉得要在家里做，吃起来才更有滋味。而且做芋圆实在是再简单不过了，只需要芋头和木薯淀粉这两样材料。芋头最好用大个头的香芋，或是荔浦芋头。这种大芋头淀粉含量高，芋头香气十足，最适合做成甜点。除了芋头外，红薯、紫薯、南瓜都可以。一次可以多做几种，色彩缤纷吃起来才有趣。

木薯粉，就是从木薯中提取出的淀粉。木薯粉也是珍珠奶茶里珍珠的主要原料，其特点就是口感弹劲十足。

原料

芋头（去皮）	350 克
木薯粉	120 克
红豆	200 克
白糖	80 克
盐	1 小撮
清水	适量

Tips

1. 分两次煮红豆，可让红豆更快地煮到绵软，如果还不够绵软可以多煮几次。

2. 芋头与木薯粉的比例约为3：1。红薯含水量较高，与木薯粉的比例约为2：1，紫薯介于两者之间。

3. 如果粉团比较干，可以加少量水，直至粉团柔软而不粘手。

4. 芋圆粉团黏性不大，操作时不要太用力，如果容易断裂说明粉团太干，需要加少许水。

5. 芋圆要现煮现吃，煮好后不要冷藏。

6. 吃不完的芋圆在表面裹上一层木薯粉后密封冷冻，下次吃时无须解冻，直接煮熟即可。

7. 按芋头重量的至少1/3来加木薯粉，若少于1/3芋圆也难以成形。红薯或南瓜因为含水量比芋头高，需要加入自身重量1/2的木薯粉。

1. 红豆清水浸泡半天或隔夜。

2. 捞出红豆放入炖锅，倒入清水没过豆子，煮开后再煮 10 分钟，关火。

3. 红豆闷在锅里自然降温，然后重新开火，用小火煮半小时，至红豆绵软即可。

4. 加入盐和白糖调味，煮好的红豆汤待用。

5. 把芋头去皮、切厚片，入蒸锅蒸至筷子能轻易穿透。

6. 将芋头趁热加入到木薯粉中，用叉子捣碎，混合成粉团，揉至柔软而不粘手。

7. 取 1 小块粉团，搓成细长条，切成大小均匀的小块。其他薯圆同理。

8. 烧锅开水，煮芋圆，待芋圆浮起后再煮 1 分钟捞出，并立刻浸入凉水中。

9. 将芋圆从凉水中捞出后，放入之前煮好的红豆汤里即成。

厚蛋烧

厚蛋烧也叫玉子烧，就是厚厚地卷起来的日式煎蛋，但它绝不仅仅只是煎蛋而已。好的厚蛋烧切开来应该看不到明显的分层，口感又嫩又滑，咬下去有种汁水充盈的感觉。有了下酒菜，再配一杯米香浓郁、冰凉舒爽的浊酒，完美。

原料

鸡蛋	6 个
小鱼干	2 大勺
葱	1 段
白萝卜	1 个
味醂	1 小勺
浊酒	1 大勺
盐	1 小撮
黑胡椒	1 小撮
昆布	3 片
木鱼花	1 把
清水	1 升

Tips

1. 打散鸡蛋时动作轻柔，不要将鸡蛋打发。
2. 鸡蛋下锅后要用筷子搅动，戳破气泡，避免蛋液局部受热过多。
3. 每次卷鸡蛋时都要在蛋液还未完全凝固时进行。
4. 根据个人喜好也可不加小鱼干和葱花。

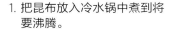

1. 把昆布放入冷水锅中煮到将要沸腾。

2. 捞出昆布，倒入木鱼花，水沸后煮两三分钟。

3. 关火静置片刻，过滤后即为日式高汤，放凉待用。

4. 白萝卜擦成泥，葱和小鱼干切碎待用。

5. 鸡蛋打散后，将剩余配料加到蛋液中。

6. 准备1小碟油，取1张干净的厨房纸浸在油中待用。

7. 玉子烧锅预热，用浸了油的厨房纸擦一下锅底，倒入1/3蛋液，并用筷子轻轻搅动锅中的蛋液。

8. 当蛋液半凝固时将鸡蛋卷起来折成3折。

9. 倒入剩下蛋液的1/3，等蛋液半凝固时卷起对折。

10. 重复倒入蛋液，直至全部蛋液用完。

11. 将蛋卷倒至竹帘上，轻轻按压，稍凉后切块即成。

大阪烧

大阪烧也叫关西风御好烧，而御好烧除了关西风外还有一种广岛风的，就叫广岛烧。这两者基本上类似，只是广岛烧用料更多，做法是一层层堆叠，一般还加炒面。做起来也更快速。除了主料圆白菜外，可以加任何肉类和海鲜进去。

在日本，很多小店让客人自己制作大阪烧，在每个桌子上镶嵌一块小铁板，客人就能享受自己翻煎饼的乐趣了。据说这也是小情侣们约会的好地方，当男朋友落帅气地翻煎饼时，女朋友一定要拍手叫好才行。其实大阪烧在家也能很简单地制作，只要有一个平底锅，也能做出这道很受欢迎的日式街头小吃哦。

原料

圆白菜	200 克
五花肉	6 片
	约 100 克
低筋面粉	100 克
清水	180 毫升
鸡蛋	2 个
小葱	2 根
樱花虾	2 大勺
木鱼花	4 大勺
青海苔粉	1 大勺
御好烧酱	适量
蛋黄酱	适量
盐	1 小撮

1. 五花肉去肉皮，切成 5 毫米薄片待用。

2. 小葱切葱花，圆白菜切细丝待用。

Tips

1. 切圆白菜时要把靠近根部较厚的部分切下来，和薄的菜叶分开切丝，这样粗细才均匀。

2. 樱花虾可以换成普通虾皮，或者用新鲜的、煮熟的虾仁也可以。

3. 拌面糊时不要过度搅拌，避免面粉出筋，如果有小疙瘩可以静置几分钟。

4. 将大阪烧翻面时动作要迅速，每次翻面后都用锅铲推一下饼边整形。

3.低筋面粉、清水和盐拌匀成
　面糊。

4.倒入圆白菜丝和樱花虾，再倒
　入一半葱花和一半木鱼花，搅
　拌均匀。

5.平底锅烧热，在锅底刷少量
　油，放入3片五花肉，用中
　小火煎半分钟至肉片表面微微
　发黄。

6.将肉翻面，将一半面糊倒入
　锅中，盖在肉片上，用锅铲
　推一下至呈圆饼状，盖上锅
　盖，煎约3分钟。

7.开盖，面饼翻面，再盖上锅
　盖继续煎约5分钟，至圆白
　菜丝熟透。

8.煎好的面饼放在盘子上，有
　肉的那面朝上。

9.锅中倒入少许油，打入1个
　鸡蛋，用锅铲戳破蛋黄。

10.面饼倒回锅中，盖在鸡蛋上，
　　略煎几秒钟立刻翻面。

11.刷上适量御好烧酱，挤上适量
　　蛋黄酱，撒上剩余的葱花和木
　　鱼花，再撒上青海苔粉即可。

雪蒸糕

天气好时忍不住想出去溜达溜达。边逛街就会边吃很多小吃，但是找来找去都没有找到小时候最爱吃的一种红糖米糕，它还有个很美的名字，叫"雪蒸糕"。路边小吃就是这种神奇的存在，神龙见首不见尾，想找的时候找不到，不经意的时候又会突然出现！还好机智的我，曾经跟街边卖米糕的奶奶打听到过雪蒸糕的做法，带着有点模糊记忆，我自己在家试着做了一些，有浓浓的米香味，还有红糖甜甜的滋味，松松软软，就是小时候的味道。

以下原料可以做 12 个雪蒸糕

原料

大米	200 克
糯米	50 克
红糖	120 克
水	120 毫升
食用油	适量

Tips

1. 米粉可以用市售的大米粉和糯米粉按 4：1 的比例混合。

2. 加水搅拌至米粉呈小团状，且容器内没有散落的干粉即可。

3. 加过水的米粉再过一次筛，是为了让米粉更蓬松，做出来的雪蒸糕口感才会软。

4. 在模具里涂一层油是为了防粘，也方便蒸好之后脱模。

5. 将米粉填在模具里时，不要压实，否则蒸糕的口感会松软。

1. 大米和糯米混合后倒入料理机，打成细腻的米粉。

2. 打好的米粉过筛。

3. 在米粉中加水，搅拌均匀至形成一个个小面团。

4. 食用油均匀地涂抹在马芬模具内侧。

5. 小面团松散地铺在模具中，大概五分满。

6. 在面团上均匀地铺一层红糖。

7. 再铺一层小面团，轻轻地将表面刮平。

8. 放入蒸箱中蒸 20 分钟，取出后脱模，即成。

猪肉脯

自家做的猪肉脯，没有任何添加，健康又合自己口味。不过讲实话，每次做猪肉脯都消灭得太太太快了，做的速度根本赶不上吃的速度啊！

原料

猪腿肉	500 克
生抽	4 大勺
料酒	2 大勺
蚝油	1 大勺
鱼露	1 大勺
蜂蜜	适量
白糖	2 大勺
黑胡椒碎	1 大勺
盐	适量
油	适量

Tips

1. 没有搅拌机，也可以将肉剁成肉馅。

2. 搅打好的肉，可以舀一点儿放入微波炉中加热，尝尝味道是否合适。

3. 擀肉的时候注意用力均匀。

4. 注意观察烤箱里的肉，如果上色不均匀，可以随时调整烤盘的位置。

1. 猪腿肉去皮、切小块。

2. 肉放入搅拌机，加入鱼露、生抽、料酒、白糖、蚝油、蜂蜜、盐一起搅拌。

3.搅拌好的肉泥舀入大碗中，加入油和黑胡椒碎拌匀。

4.预热烤箱至160℃，开热风功能。

5.舀一勺肉泥放在一张烘焙纸上，再盖上另一张烘焙纸，把肉稍微压平。

6.用擀面杖擀平至两三毫米厚，并修正成正方形。

7.在肉片表面刷层蜂蜜。

8.送入烤箱，烤10~15分钟。

9.烤至肉片边缘开始有焦色时，取出。

10.把肉片翻面后刷蜂蜜，再送回烤箱继续烤约10分钟。

11.烤好之后稍微放凉，四周的焦圈剪掉，再剪成合适大小即可。

冻酸奶雪糕

夏天就是要吃冻酸奶雪糕，比冰棍浓郁有奶香，比冰淇淋清淡不会腻。有新鲜水果，有果酱，有颜值，没有冰渣，口感细滑，做法也好简单。

我用的是无糖希腊酸奶，听起来很高端，其实就是将普通酸奶过滤掉一部分乳清。你们买不到的话可以把普通酸奶放在细纱布里过滤 2 小时。希腊酸奶里乳蛋白和乳脂含量比较高，做出的雪糕口感会比较细腻没有冰渣。

加糖的量按个人口味调节，雪糕冷冻后甜度会明显降低，所以加糖要加到略微有点甜的程度。

原料

无糖希腊酸奶	200 克
奶油	100 毫升
白糖	4~6 大勺
香草精	1 小勺
草莓、猕猴桃、香蕉	适量

果酱

蓝莓	150 克
白糖	2 大勺
柠檬汁	适量
芒果	1 个
水	2 大勺

Tips

1. 能买到希腊酸奶的话最好，雪糕里冰渣会比较少。

2. 如果用有甜味的酸奶，请按个人口味调节加糖的量，注意冷冻后甜味会降低。

3. 加新鲜水果的话酸奶要甜一点儿，加果酱的话可以稍微少加些糖。

4. 木棍直接插入模具的话会浮起来，提前放在清水里泡几秒钟就能避免。

1. 将蓝莓放入小锅中，加一大勺白糖和柠檬汁，开中小火加热，煮成黏稠的蓝莓酱，关火冷却。

2. 将芒果肉用叉子碾碎，加一大勺白糖和水，开中小火加热，煮成黏稠的芒果酱，关火冷却。

3. 将无糖希腊酸奶、奶油、白糖和香草精混合拌匀。

4. 将草莓、猕猴桃、香蕉切成薄片。

5. 往雪糕模具里先倒入1勺酸奶奶油混合物，再放入水果片。

6. 重复步骤5，直至装满模具，轻轻磕出气泡。

7. 也可将水果片换成蓝莓或芒果酱，用木棍搅出花纹，轻轻磕出气泡，做成果酱雪糕。

8. 在装好的雪糕模具里插上木棍，送入冰箱冷冻至少6小时。

9. 雪糕冻好后把模具在冷水里泡30秒，就能将雪糕完整脱模。

草莓布丁杯

布丁杯是英国甜点中最有代表性的一种。我第一次吃到家庭手制布丁杯时非常惊讶，原来和超市里卖的那些味道如此不同，简直是云泥之别。经典的英式布丁杯是由蛋糕、果冻、卡仕达酱、打发奶油和水果层层堆叠而成，用不同的水果和果冻就能变换出不同口味。各种食材的组合，大量的水果和果冻让口感层次丰富，又清爽宜人，非常适合节庆、夏日、聚会、秀恩爱、显摆厨艺等活动。

以下原料可以做 6~10 人份的草莓布丁杯

原料

海绵蛋糕	250 克
草莓	1 千克
鲜奶油	600 毫升
细砂糖	40 克
香草精	1 小勺
薄荷叶	适量

果冻

吉利丁片	6 片
蔓越莓汁	550 毫升
粉红葡萄酒	250 毫升
白糖	30 克
柠檬	1/2 个

卡仕达酱

牛奶	500 毫升
鲜奶油	200 毫升
细砂糖	100 克
蛋黄	6 个
香草精	1 小勺
玉米淀粉	1 小勺

果冻

1. 用冷水浸泡吉利丁片。

2.将蔓越莓汁倒进锅里，用中小火加热至快要沸腾。

3.将泡软的吉利丁挤干水，倒入热的果汁里，搅拌化开。

4.向果汁中加入白糖，挤入柠檬汁，倒入粉红葡萄酒。

5.拌匀后彻底冷却至室温待用。

Tips

1. 制作果冻时，可将粉红葡萄酒换成白葡萄酒，或是全部换成果汁，也可以往果汁中加少许甜雪莉酒、白兰地或君度酒。

2. 除了蔓越莓汁，还可以用石榴汁、蓝莓汁或苹果汁，或是任何一种透明的果汁。

3. 将热牛奶倒入蛋黄时，一开始要慢，并不停搅拌，不要把蛋黄烫熟。

4. 煮卡仕达酱时注意火候，不要煮开。

5. 若是不小心煮过头，卡仕达酱出现颗粒状时，立即离火，倒到碗中快速搅拌散热，动作迅速的话降温后卡仕达酱会重新变得顺滑。

6. 除了草莓，还可以用蓝莓、树莓、香蕉或猕猴桃等软质水果，不要用水分太多的水果，如果草莓的水分较多，可以用厨房纸将水分吸干。

7. 组装好但还没有加入鲜奶油的草莓杯最好能冷藏一会儿，味道会更好。也可以提前一天准备，第二天再加上鲜奶油。

1. 在蛋黄中加入细砂糖。

2.加入玉米淀粉和香草精拌匀。

3.将牛奶和鲜奶油混合，倒入锅里中用小火加热，
  不时搅拌，加热至即将沸腾。

4.将热牛奶缓缓倒进蛋黄液中，边倒边搅拌。

5.将混合好的蛋奶液倒回锅里，用小火加热。

6.不停地搅拌，直至卡仕达酱开始变得浓稠。

7.关火后倒入大碗中，继续快速搅拌。

8.待稍稍降温，紧贴着卡仕达酱表面覆盖上保
  鲜膜，彻底冷却至室温待用。

布丁杯组装

1. 将蛋糕切片。

2. 将草莓在中间纵向切一刀，在两边各切一刀，得到两个完整的草莓片，再把切下的草莓块切成小块。

3. 在1个大的高脚碗中，把1/2蛋糕片铺在底层，撒上1/3草莓块。

4. 浇入1/2果冻液，盖上保鲜膜，送入冰箱冷藏，把剩下的果冻液倒入盘子中，也送入冰箱，冷藏三四个小时至凝结。

5. 等果冻和蛋糕完全凝固后，将草莓片在碗壁上围一圈。

6. 倒入1/2卡仕达酱。

7. 再铺上剩下的蛋糕片，撒上1/3草莓块。

8.将果冻用叉子叉碎后，撒在草莓块上，铺平。

9.用草莓片在碗壁上再围一圈。

10.浇上剩下的卡仕达酱，送入冰箱冷藏一两个小时。

11. 在鲜奶油中加入细砂糖和香草精，打发至表面出现纹路且能保持住的程度。

12.将奶油倒入草莓杯最上层，抹平。

13.最后用草莓片在表面围一圈，中间堆上剩下的草莓块，点缀上薄荷叶即可。

青团

青团，有着鲜亮翠绿的外表，大部分都是小麦草或抹茶粉做的外皮，我还是更爱传统的做法。把有着清新香气的艾草揉进糯米皮中，虽然颜色不够鲜艳，但有种独特的，如江南烟雨般的美感。圆圆胖胖的青团，色泽油绿、外皮软糯，还有一股子淡淡的独属春天的艾草香。一口咬下去，不论是令人怀念的甜蜜豆沙馅、充满春日气息的清爽马兰头馅，还是近年打开大家味觉新世界的咸蛋黄肉松馅，都能给人极大的满足，可以说，不吃上一颗青团，你就没有真正进入春天。

原料

红豆沙馅

植物油	25 毫升
白糖	100 克
红豆	200 克
盐	适量

以上原料可以做出约 250 克红豆沙，包 12 个青团

咸蛋黄肉松馅

咸鸭蛋	6 个
料酒	适量
肉松	20 克
蜂蜜	1~2 大勺
蛋黄酱	1.5 大勺
植物油	适量

以上原料可以包约 8 个青团

马兰头春笋香干馅

马兰头	250 克
香干	4 片
春笋	1 根
松子	2 大勺
香油	1 大勺
盐	适量
白胡椒粉	适量
蒜	1 瓣

以上原料可以包约 25 个青团

青团皮

黄米粉	100 克
糯米粉	400 克
艾草	200 克
植物油	2 大勺
盐 适量蜂蜜	1 大勺
食用碱	1/2 小勺

以上原料可以包约 40 个青团

咸蛋黄肉松馅

1. 取咸蛋黄，稍微冲洗一下上锅蒸熟，蒸熟后用叉子碾碎。

2. 平底锅烧热，倒入植物油，放入蛋黄，小火慢炒出香味。

3. 蛋黄炒至起泡，加1小勺料酒去腥。

4. 关火，加入蜂蜜。

5. 加入肉松，继续翻炒均匀。

6. 出锅后，加入一点儿蛋黄酱，搅匀即成。

马兰头春笋香干馅

1. 香干片切细丁待用。

2. 马兰头焯水，过冷水，攥干水分后切碎待用。

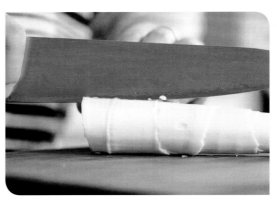

3. 春笋剥壳，切掉根部特别老的部分，纵向切成两半。

4. 春笋煮几分钟，捞出放凉后切丁待用。

5. 笋丁、马兰头碎和香干丁混合，再加蒜泥、1小撮盐、香油、白胡椒粉、松子拌匀，尝下味道略咸于一般炒菜即可。

红豆沙馅

1. 红豆提前浸泡一晚。

2. 小火煮1小时，煮软后捞出红豆，过筛成豆沙。

3. 平底锅倒油，加入豆沙、盐和一半白糖小火翻炒。

4. 白糖化开之后，再加另一半的白糖，炒至豆沙成团且可以在锅里滑动时，盛出备用。

青团皮

1. 糯米粉和黄米粉混合均匀后，加入蜂蜜、植物油，暂不搅拌。

2. 洗净的艾草焯水2次，第一次用清水，第二次在清水中加食用碱。

3. 煮软的艾草倒进搅拌机，连汤一起打成糊。

4. 趁艾草糊非常热的时候，倒进糯米粉和黄米粉中。

5. 手揉面团至颜色均匀、没有干粉即可。

6. 用保鲜膜把面团包起来，稍凉待用。

包青团

1. 放凉的红豆沙分成每份20克，团成小球待用。

2. 在咸蛋黄肉松馅中加入一些红豆沙，搅拌后，分成小球。

3. 蒸架底部和手上抹一层油。

4. 取25克青团面团，搓成圆球后按扁，用大拇指在中间按出一个窝。

5. 面皮捏成小碗状，放入1份豆沙馅，用虎口将面皮收口。

6. 捏掉面团的小尖尖，将青团轻轻搓圆，放上蒸架，其他馅料同理。

7. 3种馅的青团都包好后，放入蒸箱蒸10分钟。

8. 蒸好后，趁热在青团表面薄薄地刷上一层油，保持青团的颜色和光泽，也防止它们互相粘连。

Tips

1. 咸蛋黄可以直接买市面上现成的，但是现打入容器中的蛋黄口感会更细腻。

2. 若炒咸蛋黄的时候没有蜂蜜，也可以加糖，但必须是细砂糖，不然很难溶解均匀。

3. 如果觉得用漏筛挤红豆比较麻烦，也可以直接用搅拌机做豆沙。

4. 刚滤好的豆沙水分比较多，一定要炒干后才好做馅。

5. 豆沙很容易炒糊，炒的时候要耐心一点儿，不停翻炒。

6. 也可以买现成的豆沙，但自己做的豆沙不会那么甜腻。

7. 如果买不到艾草，也可以用马兰头代替艾草来做青团的皮。

8. 将艾草汁倒入米粉时不要一下全部倒入，先留一部分，根据米粉吸水性调节使用量。

9. 第二遍煮艾草时如果加食用碱，能让艾草煮得特别烂，也能让艾草保持翠绿。

10. 若没有搅拌机，可直接把加碱煮烂的艾草倒进糯米粉中，艾草会均匀分布在面团里，避免青团表面会有绿色艾草颗粒。

11. 包青团时，若有破损，可以用捏掉的面团尖来补缺口。

12. 一次吃不完的青团可以用保鲜膜包起来，室温下可以放一两天，冷藏可以放4天左右，但冷藏会使青团变硬，下次吃之前要蒸一下回软。

Part 8

米面主食

懒人凉皮

凉皮是许多人夏天里最爱的小吃，既有米粉般的洁白剔透与滑爽，又有面粉特有的弹牙和劲道，软硬适中。再搭配清爽的黄瓜和豆芽，多孔吸味的面筋，艳红的油泼辣子，于是成就出一道经久不衰的街头小吃。凉皮要现做现吃口感才好，费了一大番功夫却只能吃一顿，真的有点不划算。好在还有简单的懒人办法可以替代，从准备到上桌不超过 20 分钟就能搞定了。

原料

澄粉	250 克
面粉	25 克
水	450 毫升
盐	1 小撮
生抽	1 大勺
香醋	1 大勺
香油	1 小勺
蒜蓉水	1 小勺
香菜碎	1 小勺
豆芽	1 把
黄瓜丝	1 把
面筋	1 把

油泼辣子

辣椒面	50 克
盐	1 小撮
植物油	250 毫升
八角	1 个
花椒	几粒
芝麻	15 克
醋	1 小勺

Tips

油泼辣子

1. 油的温度要掌握好，太热会把辣椒面烫煳，不够热又无法激发香味。烧到冒烟后再放凉到白烟消失就是合适的程度。

2. 加醋可以增加香味，根据个人喜好也可以不加醋。

3. 做好的油泼辣子要放入冰箱保存，可以放一两个月，放得越久香味会越淡。注意不要在常温下久置。

凉皮

1. 将粉浆倒入碟子里要注意粉浆的高度，太薄的凉皮口感会很韧。

2. 微波炉加热的时间也要注意观察，功率不同时间也要有所不同，如果加热时间太长，凉皮也会变得太干。

3. 把凉皮叠在一起的时候要保证每张之间都有刷一层油，防止粘连。

4. 凉皮要现做现吃，口感才会最好。

油泼辣子

1. 在辣椒面中加盐拌匀，倒入芝麻。

2. 将植物油倒入锅中加热，油热后放入八角和花椒。

3. 等八角和花椒出香味、但还没变黑之前，将八角和花椒捞出，继续加热到油开始冒白烟。

4. 把锅从火上端开，等待2分钟，至油不再冒烟时，将油慢慢浇在辣椒面上，边倒边搅拌。

5. 趁热加入醋，冷却后装瓶即可。

凉皮

1. 将澄粉与面粉混合，加入1小撮盐拌匀，然后倒入清水调成粉浆。

2. 找1个平底盘，刷上一层油，倒入1大勺粉浆，让粉浆晃动、铺平后差不多有2毫米厚。

3. 放入微波炉，高火加热1分20秒~1分30秒，至凉皮完全凝固即可。

4. 端出后，在凉皮表面刷一层油，然后将凉皮揭下后放凉。

5. 一张一张地做凉皮，直到将粉浆全部用完。

6. 将放凉的凉皮叠起来切成条。

7. 将切成条的凉皮和所有配菜、调料和油泼辣子拌匀即可。

鲜肉包子

很多年前，小时候在家门口的包子铺里吃到白白胖胖、圆圆鼓鼓、松松软软的大肉包子。面皮蓬松有弹性，咬开后肉香扑鼻而来，滚烫的肉汁不停地涌出来，一不小心就会烫着嘴。其实要做好这样的包子，也并没有多少厉害的诀窍，无非是老老实实地打好基础，做好揉面发面的步骤。只是很多时候，世上的难事，无非就是这老老实实四个字而已。

以下原料可以做 12 个包子

原料

面皮

中筋面粉	500 克
干酵母	1 小勺（5 克）
白糖	1 小勺
清水	270 毫升

肉馅

肉馅	350 克
姜泥	1 小勺

葱花	1 大勺
生抽	1 大勺
盐	1/8 小勺
白糖	1/4 小勺
蚝油	1 小勺
料酒	1 大勺
老抽	几滴
马铃薯淀粉	2 小勺
香油	2 大勺
白胡椒粉	1 小撮
清水	100 毫升

1. 在清水中加入白糖搅拌至溶化，然后撒上干酵母，静置约15分钟。

2. 当酵母水表面出现一层泡沫时，就可以将酵母水慢慢倒入面粉中，边倒边搅拌，搅拌均匀后，和成面团。

3. 将面团揉至表面光滑后，盖上保鲜膜，在温暖处发酵一两个小时。

4. 发面时准备肉馅，所有调味料加入肉馅中，搅拌至发黏。

5. 清水分3次加入肉馅中，每次加完水都向一个方向用力搅拌，直至水完全被肉馅吸收后，再次加水。

6. 当面团发至原来的2倍大时，将面团转移到案板上，第二次揉面，排出空气，再次将面团揉至表面光滑。

7. 将面团分成2份，其中1份包上保鲜膜待用，另一份搓成粗细均匀的长条，切成6等份，分别搓圆、按扁成面剂子。

8. 取1个面剂子，用擀面杖擀成中间厚周围薄、比手掌略大的面片，放入适量肉馅，包成包子。

9. 将包好的包子放入垫了油纸的蒸笼里，在锅中倒入适量热水，放上蒸笼，盖上盖，第二次发酵10~15分钟。

10. 待包子个头明显变大后，开大火加热，水开后再蒸15分钟，关火后等待两三分钟再开盖即可。

Tips

1. 和面后第一次揉面要将面团彻底揉到光滑，这一步会决定包子皮是否细腻。

2. 测试发酵程度时可以用蘸了面粉的手指在面团上戳1个洞，不塌、不回缩就说明面团发好了，或是有轻微回缩也可以。

3. 肉馅中加入适量清水可以让肉馅口感软嫩且有肉汁。

4. 擀面过程中暂时不用的面剂子要用保鲜膜覆盖。

5. 蒸好的包子不要马上揭盖，热包子骤遇冷空气后容易塌，关火后要稍等一会儿再揭盖。

茴香盒子

茴香有小茴香和大茴香之分，大茴香就是俗称的八角，是中餐里常用的香料。这里说的是小茴香，也叫茴香苗，是植株的顶端嫩叶。小茴香可食用的球茎部分是西餐中常见的蔬菜，一般用来拌沙拉或是烧烤。球茎茴香的口感类似比较嫩的西芹，带有淡淡的茴香香气。小茴香的子晒干后也是一味香料，就叫茴香子，外形类似孜然粒，香气浓郁。

原料

普通面粉	250 克
热水	130 毫升
小茴香	100 克
猪肉馅	100 克
鸡蛋	3 个
姜	1 小块
生抽	1 大勺
料酒	1 大勺
白胡椒	1 撮
盐	适量
香油	2 大勺
白糖	1/2 小勺
油	适量

Tips

1. 可以把茴香换成韭菜，或是把肉馅换成粉条、豆干等。
2. 烫过的面粉要放凉再揉面，否则面团会发黏。
3. 炒蛋时油温低一点儿蛋会更嫩。
4. 水煎比干烙速度更快，也能保证盒子的内馅熟透。

1. 将热水慢慢倒入面粉中，边倒边用筷子搅拌，将面粉搅成絮状。

2. 待面粉的温度降下来后揉面团，揉至表面光滑，盖上保鲜膜，醒约40分钟。

3. 鸡蛋液打匀，中火将锅烧热后倒少许油，下蛋液翻炒，定形后关火，用锅铲把鸡蛋铲碎，盛出，放凉待用。

4. 姜磨碎，加入猪肉馅中，再倒入生抽、料酒、白胡椒和白糖，向一个方向搅拌至肉馅发黏。

5. 茴香洗净、沥干后切碎，倒入香油拌匀。

6. 把肉馅和鸡蛋拌匀，加入适量盐调味，再加入茴香拌匀。

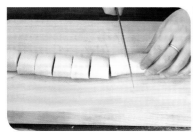

7. 把醒好的面再揉至光滑，搓成粗细均匀的长条，切成12等份。

8. 取1个面剂子压扁，擀成跟手掌差不多大的厚薄均匀的椭圆形面片。

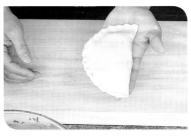

9. 包入适量调好的馅，对折成半月形，把边捏紧，再用拇指捏出一圈花纹，盒子就包好了，依次把所有的面和馅都包成盒子。

10. 在平底锅里倒少许油，热锅后放入茴香盒子，中小火烙1分钟，倒入刚刚能铺满锅底的清水，盖上锅盖煮三四分钟。

11. 等锅里的水都挥发、盒子鼓起来，就可以翻面了，翻面后再煎一两分钟至两面都焦黄即可出锅。

水磨年糕

所谓的水磨年糕，传统做法是把米加水后磨成米浆，脱水成为干粉后再做成年糕。为了模仿这种最原始的手工做法，我用搅拌机代替了水磨，将大米和糯米加水浸泡后，搅打成米浆。再用纱布耐心地滤掉水分，得到湿米粉团。上锅蒸熟后就是年糕的雏形了，再经过捶打，进一步提高年糕的细腻度和弹性。这样做，基本上就可以做出类似传统的水磨年糕了。

在此我向大家介绍一种更简便的方法：在家中，用加工好的水磨米粉来代替这一步。将大米粉和糯米粉按 2：1 的比例混合，加入适量水和成刚好能成形的面团。后面的步骤就是一样的了。

原料

大米	2 份
糯米	1 份
清水	适量
油	适量

Tips

1. 大米和糯米约为 2：1，在此基础上可以稍作调整，大米越多年糕越硬，糯米越多则越软。

2. 尽量将米浆搅得细腻一些。沥干水分时可以将米浆包在一大张纱布里，悬挂起来沥干。

3. 若是沥干米浆的时间太长，米粉团会变得干硬，这时再加入适量水调节，让米粉团摸起来湿润，软硬适中即可。

4. 捣年糕时，捣得时间越长、越用力，则年糕的口感会更筋道。

5. 捣年糕时，经常在年糕表面抹些植物油，能让年糕更弹牙。

6. 年糕在变硬之前要避免互相粘连，每一条都用保鲜膜单独包裹，这样在变硬后就不会粘在一起了。

7. 切好的年糕可以冷冻保存，要吃之前拿到冷藏室自然解冻即可。

1. 将大米和糯米分别用清水浸泡三四个小时，泡好后沥干水放入搅拌机，加入刚刚能没过米的清水，高速打成米浆。

2. 在漏筛上铺上细纱布，下面放 1 个大的容器接水，将米浆倒入漏筛沥水。

3. 待米浆中多余的水分基本沥干后，会形成 1 个湿润的软硬适中的米粉团。

4. 取 1 个深盘，在内部刷 1 层油，放入米粉团压平。

5. 压平后放入蒸锅，水开后大火蒸约 40 分钟，至米粉蒸透。

6. 在案板上铺一大张保鲜膜（可在案板上刷一点儿油防止保鲜膜移位），再在保鲜膜上刷一点儿油防粘，将蒸熟的米粉团趁热移至保鲜膜上。

7. 在石杵或是擀面杖前端包上保鲜膜防粘，在米粉团表面也抹层油，用力捣，捣年糕翻面时，可以不时抹上少许植物油防粘，捣几分钟后就可以将年糕整形了。

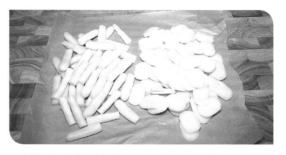

8. 若是想做切片年糕，就将年糕搓成直径约 3 厘米的粗圆筒状，稍微晾干表面后用保鲜膜单独包裹起来，在冰箱冷藏隔夜，待年糕变硬后切片即可。

韭菜虾仁饺子

我家冰箱里一定要有自己亲手包的饺子，哪怕再忙碌，一家人也能在十多分钟内吃到一顿营养相对均衡的晚餐。我试过无数种饺子馅的搭配，但不论吃多少次都吃不腻的，还要数这个经典的搭配：猪肉、虾仁、韭菜，再放点我家冰箱里一定要存着的 XO 酱。这几种食材之间的比例可以随意调整，不论怎么搭配，都又香又鲜，让人大快朵颐、直呼过瘾。

原料

猪肉馅	500 克
韭菜	250 克
鸡蛋	1 个
姜	1 小块
小葱	3 根
生抽	2 大勺
香油	3 大勺
黑胡椒	1 小撮
料酒	2 大勺
白糖	1 小撮
盐	适量
XO 酱	1 大勺
虾仁	适量
植物油	2 大勺
普通面粉	300 克
水	150 毫升

Tips

1. 将猪肉馅先与调味料拌匀可以起到腌制的作用，让肉更入味。

2. 肉馅调好后最后加入韭菜，并加适量油拌匀，可以有效防止韭菜出水。

3. 和饺子皮面团时可以稍微硬一点儿，并在揉面过程中酌情加些面粉。

4. 煮饺子时在水里加点盐能防止饺子皮煮破，并让饺子皮更滑爽弹牙。

1. 姜切成末，小葱切花，虾仁切碎。

2. 在猪肉馅中加入虾仁、姜末、葱花、鸡蛋、盐、黑胡椒、白糖、料酒、生抽、香油、XO酱。

3. 用筷子将肉馅朝一个方向搅拌至发黏后，放入冰箱冷藏待用。

4. 面粉中加入1小撮盐，慢慢倒入清水，边倒边搅拌成絮状。

5. 然后将面粉揉成1个表面光滑的面团，包上保鲜膜，醒约半小时。

6. 醒面时把韭菜切碎，再倒2大勺植物油拌匀，然后加入肉馅中，拌匀待用。

7. 在醒好的面团中间戳个洞，慢慢拉扯成圆环状，切断圆环，搓成1条粗细均匀的长条状。

8. 切成大小均匀的小剂子，撒上干粉后逐个按扁，将每个剂子都按扁后擀皮。

9. 取适量馅放在皮上，包成饺子。

10. 烧锅水，撒入少量盐，下饺子，中大火煮至开锅后倒入一杯冷水，再次煮开后再倒入一杯冷水。

11. 待饺子都浮起来、体积微微膨大即可捞出。

卤肉饭

吃到难吃的外卖你们会怎么办？前几天我叫了一份卤肉饭外卖，一碗米饭上放几条惨白色的肉丝就敢出来卖，真是气到我了。还是自己做的最好。新鲜松软的米饭，酱红色的浓郁肉汁，软糯的肉肉，淌着蛋黄的溏心蛋，这才是我爱吃的卤肉饭。

原料

五花肉	350 克
红葱头	150 克
酱油	3 大勺
米酒	4 大勺
白糖	1 大勺
鸡蛋	2 个
青菜	2 棵
油	适量
热水	适量
米饭	适量

Tips

1. 将五花肉提前腌制能让肉质更软嫩，肥肉不腻，瘦肉也不柴。

2. 我没有用太多调料和香料，主要靠红葱头来增香，尽量不要将葱头替换成洋葱。

3. 除了纯肉之外，加些切成小粒的香菇、杏鲍菇也不错。

4. 煮溏心蛋的小诀窍：鸡蛋要新鲜，火不要太大，水开后搅动水面形成漩涡。鸡蛋提前磕在小杯子里，慢慢滑入漩涡中心，就能煮出形状完美的溏心蛋。

1. 将五花肉切成厚片，再切小条，加入1大勺酱油、1大勺米酒和1小撮白糖拌匀，放入冰箱腌制隔夜。

2. 将红葱头切成细丝，锅里倒入稍多的油，下红葱头丝，中小火慢慢炸成金黄色，炸好的葱丝盛出沥干油待用。

3. 将锅用大火加热，在锅里放入少量炸过葱丝的油，将腌制过的五花肉下锅爆炒至变色、出油。

4. 倒入3大勺米酒，2大勺酱油和1大勺白糖，再倒入葱丝，加热水没过肉。

5. 转小火炖一两个小时，在肉快要炖好的时候烫青菜、煮溏心蛋，准备好米饭。

6. 大火收汁到汤汁浓稠，将卤肉连汁一起浇在米饭上，配上青菜和溏心蛋即可。

菌菇滑鸡煲仔饭

粤菜中最经典的吃"饭"方式应该是煲仔饭，被配菜汁水浸润过的米饭油光光，以及散发着焦香味的锅巴，光是想想就饿。

分享给大家的这个改良版的煲仔饭我个人非常喜欢，肉很嫩，各种菌菇的鲜香味十分饱满，米粒或多或少的浸润到了配料的汤汁，十分诱人。

原料

鸡腿肉	100 克	姜	适量
蟹味菇	50 克	清水	适量
鲜香菇	50 克	油	适量
牛肝菌	10 克	葱花	1 大勺
大米	150 克		
茭白	1 个		
盐	适量		
土豆淀粉	1.5 大勺		
生抽	2 大勺		
料酒	1 大勺		
蚝油	1 大勺		
香油	1 大勺		
白胡椒粉	1 小撮		

Tips

1. 切鸡腿肉的时候保留一部分鸡皮，这样吃起来会更滑嫩。

2. 若使用新大米在砂锅中加入水的量要相应减少。

3. 关火闷 5 分钟再吃米饭会更香。

1. 姜切末，鸡腿去骨、切丁后，加入盐、生抽、蚝油、料酒、白胡椒粉、姜末和土豆淀粉，揉捏均匀，腌制半小时。

2. 大米淘洗 3 次，将米粒表面的淀粉基本洗净，将大米与水按 1：1 的比例放入砂锅，浸泡 20 分钟以上。

3. 茭白去皮、切块，蟹味菇洗净、去根后掰开，鲜香菇切片，鸡腿肉中加入香油。

4. 牛肝菌泡发，泡好后清洗干净、沥干水分。

5. 起油锅，将各种菌菇和鸡腿肉炒至半熟。

6. 在泡好的大米上铺上茭白，用中火煮。

7. 煮到水分半干、米粒露出水面，将炒过的鸡肉和菌菇倒在米饭上，盖上锅盖转小火焖 5 分钟。

8. 沿锅的边缘淋油，转中大火，待闻到锅巴香味时转小火焖 1 分钟。

9. 关火闷 5 分钟后再开盖，撒上葱花即可。

羊肉抓饭

几年前曾经做过羊肉抓饭给朋友吃，一个中国人，一个欧洲人，对这道菜有截然相反的评价。中国人一闻到羊味几乎要晕厥过去，一口都咽不下。欧洲人却赞不绝口，连吃几大海碗。可见口味这东西，实在是因人而异。如果你是和我一样喜欢羊肉的人，一定要试试这道羊味浓郁，肉香扑鼻的羊肉抓饭。

原料

肥瘦相间的羊肉	400 克
胡萝卜	2 根
	约 300 克
中等大小洋葱	1/2 个
大米	1.5 杯
	约 225 克
孜然粉	1 小勺
料酒	1 大勺
葡萄干	1 把
	约 30 克
盐	适量
开水	约 350 毫升
油	适量

Tips

1. 羊肉应选肥瘦相间的，带骨或不带骨均可。

2. 下米之前就加盐调味，米饭才会入味均匀。

3. 加水的量要掌握好，以倒入大米后汤汁跟食材基本平齐为准。

4. 也可以把煮好的羊肉连汤和大米一起放入电饭锅，用一般煮饭功能，煮好后再闷 5-10 分钟即可。

1. 将大米洗净后用清水浸泡半小时，泡米时，将洋葱切丝，胡萝卜切细条，羊肉切成1厘米厚片。

2. 开大火将平底锅烧热，倒入少量油，下羊肉翻炒至变色出油，表面略焦黄时捞出待用。

3. 锅内倒入洋葱丝翻炒一两分钟至洋葱变透明，下胡萝卜和孜然粉炒出香味。

4. 将羊肉倒回锅里，倒入料酒和开水，盖上锅盖转小火煮约15分钟。

5. 向锅里加适量盐，将泡好的大米沥干水，倒入锅中。

6. 用锅铲将大米抹平整，让大米基本能跟汤汁平齐，若汤汁不够可以再加少许开水。

7. 盖上锅盖小火煮10分钟，中间翻动一次。

8. 撒入葡萄干，继续煮5~10分钟。至米饭完全煮熟，汤汁收干的时候关火，但先不掀锅盖，继续闷两三分钟。

9. 开盖后把米饭上下翻匀，即可出锅。

日式牛排丼

"丼"字在日语中是指盖饭。牛排丼其实就是牛排盖浇饭，是西餐与日料结合的产物。因为有大名鼎鼎的神户牛、旦马牛，日本和牛已经在牛排界有了举足轻重的地位。日式牛排常搭配加入了柚子或柠檬的调味酱汁，用微酸来平衡牛排的油腻感。

不同部位的牛排，需要用到的料理方法、最后的口感、味道、价钱都有大不同。这道牛排丼中我用了自己比较喜欢的肋眼牛排。肋眼牛排肥瘦相间、肉汁丰富，很适合用日式的调味来搭配。

Tips

1. 配菜可以换成任何你喜欢的菜，生菜或苦菊都很合适。
2. 牛排在煎之前不要腌制。
3. 厚 2.5 厘米的肋眼牛排煎 6 分钟后约为五成熟，可以按个人口味调整煎的时间，但最好不要让牛排超过七成熟。
4. 煎好的牛排一定要放置一会儿才能切，如果室温很低，可以把盛牛排的盘子用开水烫一下，并用锡纸覆盖住牛排。
5. 可以将柠檬汁换成柚子汁或橙子汁，如果不喜欢带酸味的酱汁，可以提前把醋和柠檬汁加入锅里，多煮一会儿酸味就会变得不明显了。

原料

大米	适量
肋眼牛排	300 克
甜椒	1/2 个
秋葵	4 个
葱白	1 段
洋葱（装饰用）	1/2 个
豆瓣菜	适量
蒜	1 瓣
日式酱油	2~3 大勺
味醂	1 大勺
清酒	2 大勺
柠檬汁	1 大勺
米醋	1 大勺
橄榄油	1 大勺
海盐	适量
现磨黑胡椒碎	适量

1. 煮好两人份的米饭，牛排提前1小时从冰箱中取出来。

2. 将葱白纵向划一刀，摊开铺平，切成细丝待用，洋葱和蒜擦成泥，放在一起待用。

3. 甜椒去柄和子后切成圈，秋葵搓掉表面绒毛后洗净待用。

4. 在牛排的两面撒上海盐和现磨黑胡椒碎，再倒上橄榄油，抹匀待用。

5. 将平底锅大火预热2分钟后放入牛排，两面各煎1分钟，煎至焦黄。

6. 转中火，将牛排每面煎约2分钟，即可出锅。

7. 牛排出锅前 1 分钟，把甜椒圈和秋葵放到锅里一起煎。

8. 将牛排盛入盘子里，当甜椒和秋葵炒软时，盛出待用。

9. 转小火，将洋葱、蒜泥倒入锅里略翻炒。

10. 倒入清酒、味醂和日式酱油，再倒 1 小碗清水，煮开后继续煮 3~5 分钟，至洋葱的辛辣味道消失，酱汁略显浓稠。

11. 再倒入柠檬汁和米醋，再次煮开即可关火，尝一尝酱汁的味道，若味道略淡可再加适量盐。

12. 将盛牛排的盘子里的肉汁一并倒入酱汁中，煮好的酱汁倒进小碗中待用。

13. 盛两碗饭，将牛排切片，将秋葵也斜切成片。

14. 在米饭上摆放甜椒圈，铺上切好的牛排和秋葵，放撮葱白丝，放上豆瓣菜作装饰，和酱汁一起上桌即可。

鲜肉粽子

很多人独爱肉粽不是没有道理的。刚出锅热腾腾的肉粽散发出美妙的清香，拆开粽叶后，糯米被里面渗出的肉汁染成浅浅的酱色。里面包裹着入口即化的五花肉，鲜香的海米、干贝、香菇，还有被煮得同样软糯的栗子和花生，黏软的糯米更是满满地吸收了这些错综复杂的香味。这样内容丰富、肥而不腻、好料满满的肉粽，吃一个就好有满足感。

以下原料可以做 10~15 个粽子

原料

干粽叶	40 片
草绳	15 根
糯米	600 克
五花肉	400 克
料酒	1 大勺
生抽	2 大勺
腐乳	1 块
蚝油	1 大勺
栗子	10 个
干香菇	5 朵
海米	2 大勺
干贝	2 大勺
花生	60 克
五香粉	1 小勺
老抽	1 小勺
姜泥	1 小勺
盐	适量
白胡椒粉	适量
油	1 小勺

Tips

1. 腌肉和泡发各种食材的工作都可以提前 1 天做。

2. 将粽叶烫一下能增强韧性，防止包的时候叶片破裂。

3. 因为糯米中没有加太多调味料，腌制五花肉和炒香菇干贝时可以把味道调得重一些。

4. 除了给出的馅料外，还可以加入去皮绿豆、莲子、咸蛋黄等。

5. 包粽子时手要握紧，但米不要压得太紧（糯米煮熟后会膨胀）。

6. 捆粽子时注意把反折过的角固定好，防止漏米。

7. 煮粽子的时间要根据粽子的大小进行调整。

1. 将五花肉切成厚片，倒入1大勺生抽、蚝油、姜泥、老抽、五香粉、料酒和腐乳，抓捏均匀，盖上保鲜膜，放入冰箱冷藏至少3小时。

2. 用清水浸泡糯米、花生、干香菇、海米、干贝、干粽叶和草绳。

3. 香菇泡发好后去蒂、切粗丝，干贝撕碎，花生和海米沥干待用。

4. 糯米泡好后沥干水，倒入半小勺盐和1小勺油拌匀。

5. 烧锅开水，将泡好的粽叶烫半分钟，捞出后洗净、略擦干，剪掉叶柄和叶尖部分。

6. 起油锅，下入香菇丝、海米和干贝碎炒香。

7. 倒入花生和1大勺生抽，翻炒片刻后，倒入适量盐和白胡椒粉，炒匀后盛出待用。

8. 三角粽的包法：取两张粽叶，叠在一起，让两侧的叶柄稍微留出来一些，在叶片底端1/3处，卷出锥形角。

9. 依次填入糯米、栗子、香菇、海米、干贝、花生、五花肉，再盖一层糯米，轻轻压实。

11. 四角粽的包法：取两张粽叶，交叉光面都朝上，在重叠部位的中心折出 1 个尖角。

13. 将两边的叶片向内折，然后另取 1 片粽叶，毛面朝内，叶柄对准一边的缝隙，包住一边后，将多余的叶片往内折，最后取 1 片新粽叶，重复刚才的步骤，把另一边的缝隙也包住，剪掉多余叶片，用草绳在尖角两边各缠绕 2 圈后打结。

10. 将最外层叶片翻转，压住下面的 2 个角，把最外层叶片沿着粽子的轮廓自然弯折，最后用草绳在粽子中间处绕几圈后打结。

12. 将尖角握在掌心，重复步骤 9。

14. 准备一锅能没过粽子的水，烧开，下粽子，压上 1 个比锅口径略小的碟子，再盖上锅盖，转小火煮 1.5~2 小时即可。

西米水晶粽子

西米裹在粽叶里煮过后变得清香又弹牙，冰镇后浇点椰浆蘸着吃感觉更棒！还有迷你版的抹茶蜜红豆口味，一口一个的小粽子超级可爱。

以下原料可以包 20~30 个粽子

原料

西米	250 克
芒果	1 个
榴莲	2 瓣
细砂糖	3 大勺
清水	150 毫升
植物油	2 大勺
粽叶	适量
棉绳	适量
椰浆	适量

Tips

1. 西米不容易煮透，包之前要先让西米吸收些水分。但西米遇水容易化，所以先加一些植物油包裹住西米，能防止西米化掉。

2. 西米吸水后体积涨大即可包制。

3. 西米比较松散，不像糯米那么好包，用两片粽叶叠加能帮助粽子塑形。

4. 煮好的西米粽子如果放入冰箱的时间过长，里面的西米会变硬，最好在室温下放置，吃之前稍微冰镇一下就好。

1. 将西米、植物油和细砂糖搅拌均匀，分几次慢慢加入清水，拌匀后静置一会儿，让西米吸收水分。

2. 将芒果切小块，榴莲去核待用，粽叶洗净、沥干，并修剪两端，棉绳剪好后待用。

3. 在每片粽叶光滑的一面都薄薄地刷上一层植物油。

4. 取 2 片叶子，叶柄相对，光面朝上，重叠在一起，然后将叶片 1/3 处折起，折出漏斗形状。

5. 放入 1 大勺泡好的西米，再放入芒果或榴莲，再放 1 大勺西米盖住水果，轻轻压实。

6. 包成三角锥形粽子，在中间系上棉绳。

7. 烧一锅开水，水开后下入粽子，中小火煮约半小时。

8. 取出粽子，放凉后冰镇一会儿，吃的时候可以浇上椰浆。

抹茶蜜红豆口味

原料

西米	120 克	细砂糖	2 大勺
红豆	80 克	水	80 毫升
白糖	100 克	油	1 大勺
抹茶粉	2 小勺	盐	1 小撮

1. 红豆提前用清水浸泡至少 8 小时，泡好后倒入小锅中，加入没过红豆的水和 1 小撮盐，小火煮约半小时，至红豆基本软烂。

2. 加白糖拌匀，继续煮直到红豆完全绵软、水分基本蒸干，关火冷却待用。

3. 在西米中筛入抹茶粉，拌匀后加入油、水和细砂糖，再次拌匀，静置，让西米吸收水分。

4. 按包西米水晶粽子的方法把西米和蜜红豆包成粽子，然后煮熟即可。

梦幻咖喱蛋包饭

半生不熟的鸡蛋在日料里扮演着非常重要的角色，如温泉蛋，拉面里切半的卤蛋、厚蛋烧、亲子丼、猪排饭等，都少不了半熟鸡蛋的出现。制作西餐时有时也会用到半熟蛋，在鸡蛋里混入牛奶后用黄油快速滑炒至半熟，放在吐司上就是快手的美味早餐。

这道梦幻版本的咖喱蛋包饭可以算是将半熟鸡蛋运用到极致了。用精准的火候控制，把鸡蛋炒成立体的纺锤形半熟蛋卷，颤巍巍地盖在炒饭上，再用锋利的长刀从头至尾地划一刀，里面黏黏滑滑的鸡蛋顺流而下，自然地包覆住米饭，最后再浇上热腾腾的香浓咖喱酱汁。舀上一大勺炒饭，混合着滑蛋和咖喱，一口一口简直停不下来。

以下原料可以做 2 人份炒饭

原料

咖喱酱汁

洋葱	1 个
土豆	1 个
胡萝卜	1 个
日式昆布柴鱼高汤	600 毫升
日式咖喱块	2 块
日式酱油或生抽	1~2 大勺
盐	适量
老抽（选用）	适量
油	适量

半熟鸡蛋

鸡蛋	3~4 个
油	适量

炒饭

米饭	250 克
鸡腿	1 个
	约 100 克
水淀粉	1 小勺
白胡椒	1 小撮
口蘑	6 个
胡萝卜	1/2 个
洋葱	1/2 个
小白菜	1 棵
盐	适量
油	1/2 小勺

咖喱酱汁

1. 洋葱、土豆和胡萝卜切小块。

2. 锅用中火加热后，加入适量油，下洋葱炒至微微发黄，下胡萝卜和土豆，撒入少许盐，翻炒一会儿。

3. 倒入高汤，煮开后转小火煮约5分钟，至蔬菜完全变软。

4. 放入咖喱块搅拌至溶化，放入酱油调味。

5. 将汤和菜一起倒入搅拌机，高速打至顺滑即可，如果颜色太淡可以加入少许老抽调色。

6. 将打好的酱汁倒出来待用。

炒饭

1. 把洋葱和胡萝卜切丁，口蘑切片，小白菜切小块，鸡腿去骨、去皮后切丁。

2. 在鸡肉中加入白胡椒和水淀粉，抓匀，再加入油拌匀后，下锅，用大火滑散，变色后盛盘待用。

3. 将洋葱丁和胡萝卜丁下锅炒，撒少许盐，至略微变软，下口蘑炒至微微发黄。

4. 倒入米饭炒散，再下鸡丁炒匀，然后倒入2大勺咖喱酱汁翻炒均匀。

5. 倒入切碎的小白菜，翻炒几下至白菜断生即可。

6. 把炒饭盛在长方形或椭圆形小碗中，倒扣在盘子上，取走小碗。

半熟蛋卷

1. 将鸡蛋液打散，取1个较深的平底锅，大火预热后倒入适量油，烧热后，倒入蛋液。

2. 用筷子迅速滑散，不停地在锅底画圈，至蛋液的一小半呈现凝固状态，将鸡蛋倒回碗中，再迅速搅散。

3. 向锅里倒适量油，开大火，当蛋液能快速凝结时，把锅倾斜，让蛋液聚集在锅底一侧。

4. 用硅胶铲把中间的鸡蛋往边缘推，利用锅底的弧度形成1个半月形蛋卷，并在锅铲的辅助下，小幅度颠锅，把蛋卷往自己的方向翻转。

5. 连续、快速地翻转三四次即可定形，定形后出锅，把蛋卷盖在炒饭上，用刀尖划开，让鸡蛋盖住炒饭后浇上咖喱酱汁即可。

Tips

1. 咖喱和高汤都有咸味，注意不要加太多盐和酱油。

2. 如果没有搅拌机可以把蔬菜尽量切碎，多炖一会儿，让蔬菜半融化在酱汁中即可。

3. 如果觉得酱汁太稠，可以在搅打前后加适量开水调节。

4. 用直径稍小（22-26厘米），锅沿较深的不粘平底锅比较容易成功。

5. 炒蛋时一直用大火。

6. 蛋液第2次下锅后，翻转蛋卷时动作要快。

7. 蛋卷一定形就马上出锅，防止余温让蛋卷过熟。

春日田园比萨

比萨虽然是意大利传统食品，但是经过美国人的发扬光大，已经成为无国界美食了。美式比萨饼底厚实，通常也会搭配很丰富的馅料，和至今仍坚持手工制作炭火烤制的意大利比萨相比，总显得不那么严肃，无法摆脱快餐的形式。

饼底的做法采用免揉法，就用普通的中筋面粉，加大量的水分和极少的酵母，让超高含水量的面团在长时间的缓慢发酵中，自然形成面筋。这种做法能让面粉充分糊化，面筋充分舒展，烤出的饼底外脆内软，越嚼越香，回味绵长。更重要的是，准备面团时只要一个大碗一个勺子，连手都不会弄脏，时间也绝不超过5分钟。

以下原料可以做 2 张两人份比萨

原料

中筋面粉	375 克
水	280 毫升
速溶酵母	0.5 克
海盐	1/2 大勺
芦笋	6 根
马苏里拉奶酪	250 克
小土豆	1 个
萨拉米香肠	10 片
口蘑	3 个
蒜	2 瓣
橄榄油	适量
盐	适量
现磨黑胡椒碎	适量

Tips

1. 可以用高筋面粉，但水的量也要增加。

2. 如果用一般的干酵母，需要把酵母先溶于水，再倒入面粉中，用量也要增加到1克（1/4小勺）。

3. 如果想要缩短发酵时间，可以增加酵母用量，升高环境温度，但是不建议发酵时间短于 8 小时。

4. 整理面团时手法要轻柔，尽量保持面团内的气孔。

5. 把面团分割好团成球状后，如果暂时不用要及时地盖上湿布或是用保鲜膜覆盖，保持面团的湿润。也可以放入冰箱冷藏一两天，下次要用的时候，提前 2 小时拿出来恢复到室温。

6. 比萨上放的菜和奶酪要适量，太多的菜和奶酪会产生大量水分泡软饼底。

1. 把中筋面粉和速溶酵母混合，将海盐溶解在水中，将水慢慢倒入面粉中，边倒边搅拌。

2. 搅拌至没有干粉后，包上保鲜膜，放在 20℃左右的室温下，发酵 18~24 小时。

3. 当面团发酵至原来的 3 倍大时，准备配菜，蘑菇切片，土豆切片，芦笋去掉老根后纵向切两半。

4. 将蒜压成蒜蓉，倒入 2 大勺橄榄油，撒上适量盐和黑胡椒碎，拌匀即为蒜油。

5. 将发好的面团分成两份，每份都轻轻地揉成球状。

6. 小心地把 1 个面团的边缘抻开，大致整形成长方形，移至撒过面粉的烤盘上。

7. 在饼底上刷层蒜油，把马苏里拉奶酪撕成小块，其中的一半铺在饼底上。

8. 均匀铺上芦笋、土豆片、蘑菇和萨拉米香肠，再铺上另一半奶酪，撒上适量黑胡椒碎。

9. 送入预热好（热风 230℃，或上下火 250℃）的烤箱中层，烤 10-15 分钟，至饼边烤成金黄色，奶酪化开即可。

Part 9
酒水饮料

奶酪奶盖冰咖啡

各个咖啡馆、奶茶店都在热卖的奶盖系列，其实自己做也非常简单，我喜欢不加糖的奶酪味奶盖，有奶酪自带的淡淡咸味，不论配奶茶还是咖啡，热饮冷饮都很棒。

原料

奶油奶酪	100 克
牛奶	50 毫升
奶油	100 毫升
冰咖啡	适量

1. 将室温软化后的奶油奶酪搅打顺滑。

2. 分 2 次加入牛奶，搅打至没有颗粒。

3. 加入奶油，打发至半流动状态。

4. 按个人口味调好冰咖啡，用勺子将奶盖轻轻舀到表面即可。

肉桂热苹果酒

热苹果酒是寒冷冬天里极受欢迎的热饮。香橙和肉桂的香气，能一瞬间把你带入圣诞的节日气氛里。苹果酒度数不高，带着浓浓的苹果香气，加热后几乎没什么酒精味，但一口下肚，仍和喝了热热的酒一般，整个人都温暖起来。

原料

苹果酒	4 瓶
	330 毫升 / 瓶
橙子	1 个
肉桂	2 根
丁香	5 粒
蜂蜜	2 大勺

Tips

制作过程中酒精会挥发，如果希望有多一点儿酒精，可以额外再加一些白兰地。

1. 橙子洗净之后连皮切厚片。
2. 苹果酒倒入锅中，放入肉桂、丁香和厚橙子片，开火煮。
3. 按个人口味加入适量蜂蜜，煮至冒小泡之后关火。
4. 盛入杯子，趁热喝。

玫瑰糖浆

近些年可食用鲜花变得越来越常见，有些花是用来作为餐点的点缀，而有些花是真正作为食材入菜的。玫瑰花就是这样一种充满梦幻色彩的食材，艳丽的色彩，芬芳的气息，都被我用糖浆封存起来，存在冰箱里，像是一小瓶可食用的浪漫。把玫瑰花换成接骨木花，或者做成玫瑰汽水，也是极好的。

原料

玫瑰花	17 朵
水	1 杯（350 毫升）
白糖	1 杯（350 克）

Tips

1. 购买玫瑰花时，不要买观赏性的玫瑰，因为香味会比较淡。

2. 玫瑰糖浆滤出后，煮沸的时间不要太长，尽量避免损失香味。

1. 玫瑰花洗净后，摘下花瓣放在厨房纸上沥干。

2. 煮糖浆，将等量的白糖和水放在小锅里煮，直到白糖化开。

3. 将沥干的玫瑰花瓣放入玻璃瓶。

4. 倒入煮开的糖浆，盖上保鲜膜，放入冰箱冷藏 24 小时。

5. 用细的滤网把玫瑰花瓣滤出后，再将滤出的糖浆煮沸。

6. 将玫瑰糖浆倒入干净的玻璃瓶中，密封后放在冰箱冷藏，最多可以保存 2 个月。

接骨木花糖浆

原料

接骨木花	5 朵
水	1 杯（350 毫升）
白糖	1 杯（350 克）
黄柠檬	1 个
青柠檬	1 个

1. 接骨木花洗净后，摘下小花朵放在厨房纸上晾干。
2. 将晾干的花朵倒入小瓶子里。
3. 把黄柠檬皮和青柠檬皮削下后放入瓶中。
4. 将 2 个柠檬对切成两半并向瓶中挤入柠檬汁。
5. 将白糖和水煮成糖浆，倒入瓶中，盖上盖子，放入冰箱冷藏 24 小时。
6. 过滤后倒入小锅煮沸，再倒入干净的玻璃瓶中，密封好放在冰箱冷藏，最多可以保存 2 个月。

玫瑰汽水

原料

玫瑰花瓣	适量
冰块	适量
青柠檬	2 片
玫瑰糖浆	适量
气泡水	适量

1. 将冰块放入杯中，冰块里事先冻入玫瑰花瓣。
2. 倒入适量的玫瑰糖浆和气泡水，糖浆和气泡水的比例介于1：4至1：5之间。
3. 放入 2 片青柠檬，搅拌均匀。

鲜芋薏米乌龙奶茶

最近我身边的小伙伴都好喜欢点奶茶店的鲜芋奶茶来喝，我研究了一下，感觉还是自家做的最好喝。香浓的奶茶，软软的薏米，还有粉糯的芋头，满足感100分！

原料

芋头	200 克	白糖	适量
炼乳	2 大勺	薏米	适量
牛奶	330 毫升	乌龙茶	50 毫升
清水	适量		

1. 将薏米浸泡过夜。

2. 薏米和清水倒入小锅，大火煮开后转小火煮半小时。

3. 薏米煮至略微开花，捞出待用。

4. 芋头去皮，切厚块，蒸 20 分钟。

5. 将蒸好的芋头与炼乳、80 毫升牛奶一起加入搅拌机打碎，待用。

6. 泡乌龙茶。

7. 用小火煮剩余牛奶，煮至冒小泡之后按口味加入白糖，煮开之后立即关火。

8. 将薏米、香芋糊放入杯中。

9. 倒入热牛奶，冲入乌龙茶。

思慕雪

我有时想，思慕雪为什么能红遍全世界，是因为现在的大趋势是我们更注重营养和健康吗？如果这么想的话就太简单了，经过仔细观察，我认为原因是——颜党占领世界，你们赢了啊！今天用两分（多）钟教大家做 5 款爆红的思慕雪。

火龙果香蕉木瓜思慕雪

原料

上层		下层	
火龙果	100 克	木瓜	200 克
香蕉	100 克	酸奶	100 克
酸奶	200 克	柠檬片	几片

1. 将火龙果、香蕉、木瓜切块，放入冰箱冷冻。

2. 冻硬的木瓜加入酸奶搅打成泥。

3. 木瓜泥倒进贴了薄柠檬片装饰的玻璃杯至1/2处。

4. 冻硬的火龙果和香蕉放入料理机，加酸奶，打成泥。

5. 倒入已经有半杯思慕雪的杯子中，做上层。

榴莲椰汁思慕雪

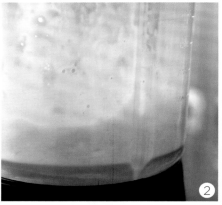

原料

榴莲肉	250 克
光明冰砖	1 块
椰汁	300 毫升
猕猴桃片和杨桃片	几片

1. 将榴莲肉放入冰箱冷冻，冻到有点硬的时候去核。

2. 榴莲肉、光明冰砖和椰汁加入料理机打成泥。

3. 倒入贴了猕猴桃和杨桃薄片的玻璃杯。

猕猴桃甜瓜思慕雪

原料

猕猴桃	200 克
甜瓜	200 克
酸奶	200 克
木瓜片	几片

1. 将猕猴桃、甜瓜切块，放入冰箱冷冻。
2. 玻璃杯口用三角形的木瓜薄片装饰。
3. 冻硬的猕猴桃和甜瓜放进料理机，加酸奶打成泥。
4. 倒入装饰好的玻璃杯。

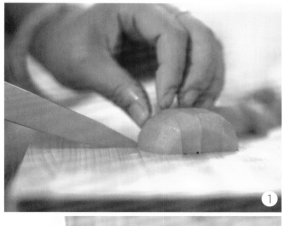

桑葚草莓思慕雪

原料

上层		**下层**	
桑葚	50 克	草莓	200 克
酸奶	250 克	酸奶	100 克
蜂蜜	适量	蜂蜜	适量
草莓片	几片		

1. 草莓切块后，和桑葚一起放入冰箱冷冻。
2. 草莓冻硬后放入料理机，加酸奶和蜂蜜打成泥。
3. 草莓泥倒进贴了草莓片装饰的玻璃杯 1/2 处。
4. 桑葚冻硬后放入料理机，加酸奶和蜂蜜打成泥。
5. 倒入已经有半杯思慕雪的杯子中，做上层。

芒果香蕉思慕雪

原料

芒果	300 克
香蕉	100 克
椰汁	200 毫升
杨桃片	几片

1. 芒果、香蕉切块，放入冰箱冷冻。

2. 冻硬的芒果和香蕉放入料理机，加酸奶和椰汁，打成泥。

3. 倒入用杨桃薄片装饰好的玻璃杯。

莫吉托

莫吉托（Mojito）是一种源于古巴的鸡尾酒，以大量的薄荷、青柠、碎冰块和白朗姆酒构成，光看原料就能感觉到清新爽快扑面而来。

炎热的夏天里，头上冒着汗珠、心情烦躁不堪的时候，来一杯翠绿、透凉、挂着白霜的莫吉托，你就能真切体会到什么叫通体舒畅。

不过要小心哦，传统莫吉托属于酒精度比较高的鸡尾酒，大量的薄荷让它喝起来感觉不到酒精的辛辣苦涩，再加上劲爽的口感，放倒不胜酒力的人那就是分分钟的事儿。

今天做的这个版本是略经我变化过的，酒精含量比较低，比较容易上口，也不用担心会一杯倒了。

原料

白朗姆酒	60~80 毫升
苏打水	100 毫升
细砂糖	1~2 大勺
青柠	1 个
生姜（选用）	2 片
新鲜薄荷	2~3 根
冰块	适量

1. 将青柠洗净、切成 8 瓣，将薄荷叶摘下来。

2. 在高脚杯中加入青柠和薄荷（留下 1 瓣青柠和几片薄荷最后装饰用）、姜片（选用）、细砂糖，略捣一下，让青柠出汁。

3. 将冰块倒进保鲜袋，用擀面杖敲成碎冰，倒入杯中直至装满。

4. 倒入白朗姆酒，加入苏打水至加满。

5. 用 1 瓣青柠果肉和薄荷叶装饰即可。

三款夏日嗨饮

找个理由和小伙伴们聚在一起吃吃喝喝。聚会不能没有酒，所以调几款好喝又好看的夏日嗨饮，祝大家开心！

石榴气泡酒

原料

糖浆	75 毫升
香槟	1 瓶
石榴	2 个
柠檬	2 个
树莓	100 克
薄荷	适量
冰块	适量
可食用玫瑰花瓣	适量

1. 将石榴剥子，半个石榴的子撒入冰格冻成冰块。

2. 将剩下的 1 个半石榴榨成约 150 毫升石榴汁。

3. 将 1 个柠檬切片，另一个柠檬去皮，将去皮柠檬榨汁。

4. 混合石榴汁、柠檬汁和糖浆。

5. 在大玻璃壶中放入石榴、冰块、柠檬片、树莓、薄荷、可食用玫瑰花瓣（装饰用）。

6. 倒入香槟、石榴汁拌匀。

黄瓜姜汁汽水酒

原料

黄瓜	1 根
伏特加	350 毫升
青柠	1 个
姜汁汽水	750 毫升
糖浆	75 毫升
生姜	1 小块
百里香	适量
冰块	适量

1. 将 2/3 根黄瓜去皮、切块，生姜切片。

2. 倒入伏特加浸泡黄瓜一两个小时。

3. 将剩下的 1/3 黄瓜切片，半个青柠切片。

4. 将另外半个青柠挤汁。

 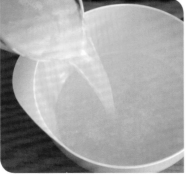 

5. 将泡过黄瓜的伏特加过滤，和青柠汁混合。

6. 倒入糖浆、姜汁汽水。

7. 在大玻璃壶中装入冰块、黄瓜片、青柠片、百里香，倒入调好的酒。

西瓜桑格利亚

原料

中形西瓜	1 个
草莓	200 克
白葡萄酒	1 瓶
伏特加	240 毫升
糖浆	150 毫升
柠檬	3 个
橙子	1 个
蓝莓	1 小把

1. 西瓜切两半，挖出西瓜球，再用勺子挖去西瓜子待用。

2. 草莓切块，1 个柠檬切片，橙子切片。

3. 将剩下的 2 个柠檬去皮。

4. 将挖出的西瓜球榨汁，得到约 1 升西瓜汁。留几个西瓜球待用。

5. 将去皮柠檬榨汁。

6. 在大玻璃壶中放入西瓜球、草莓、柠檬片、橙子片、蓝莓。

7. 倒入伏特加、白葡萄酒、糖浆、西瓜汁、柠檬汁。冷藏浸泡两三个小时再喝。

梅酒柠檬苏打

许多做过梅子酒的朋友都曾感受过开罐那一刻梅酒的醇厚香味。你也许能想象出自酿梅酒的芬芳，但一定还会对超出预期的梅子香气感到惊喜。

原料

梅酒		梅酒柠檬苏打	
青梅	500 克	梅子	1 个
蒸馏酒	600 毫升	气泡水	320 毫升
冰糖	350 克	柠檬	1/4 个
		柠檬片	几片
		冰块	适量

梅酒

1. 用牙签挑走青梅的蒂，用清水洗净梅子。

2.将青梅沥干或擦干，梅子表面不能残留水分。

3.在大玻璃瓶中一层梅子一层冰糖码放好。

4.倒入蒸馏酒至完全没过所有梅子，泡 3~6 个月。

梅酒柠檬苏打

1. 将梅酒、冰块放入摇酒器。
2. 将柠檬汁挤进摇酒器，将挤过汁的柠檬也放进去。
3. 盖上摇酒器的盖子，摇匀。
4. 将酒倒进杯子中，放入几片柠檬片，放入1个梅子。
5. 倒满气泡水，即可。

朗姆酒热可可

巧克力的热度让酒精发散出来，浓醇的可可香和酒香混合在一起，在飘着雪的夜晚喝上一口，从指尖一直暖到心里。

原料

可可含量为 75% 以上黑巧克力	60 克
牛奶	350 毫升
细砂糖	1~2 大勺
黑朗姆酒	20 毫升
喷罐奶油装饰	适量

1.将牛奶倒入锅中，煮至表面冒小气泡。

2.将巧克力掰碎后放进牛奶，用小火继续加热。

3.巧克力化开之后加入糖。

4.倒入黑朗姆酒。

5.将热巧克力倒入杯中，挤一些奶油做装饰。

荔枝金汤力

经典的金汤力清新爽洌，我试着加入了荔枝罐头，甜美的荔枝让金汤力变得柔和。荔枝是夏季的水果，而我喜欢在冬天喝这款酒。在寒冷的天气里，也能品出一丝夏天的热情。

原料

金酒	45 毫升
罐头荔枝	2 个
荔枝罐头糖水	3 大勺
汤力水和气泡水	共 320 毫升
柠檬	1/4 个
冰块	适量

1. 荔枝、罐头糖水、冰块加入摇酒器，倒入金酒。

2. 盖上摇酒器的盖子，摇匀。

3. 将摇匀的酒倒入有冰块的杯中，再倒入汤力水
和气泡水。

4. 放几颗荔枝，再切几片柠檬装饰。

Tips

汤力水不要放太多，以免盖
住荔枝的香味。

图书在版编目（CIP）数据

曼食慢语 / 曼达编著 . —北京：中国轻工业出版社，
2019.2

ISBN 978-7-5184-1744-5

Ⅰ . ①曼… Ⅱ . ①曼… Ⅲ . ①家常菜肴 - 菜谱
Ⅳ . ① TS972.127

中国版本图书馆 CIP 数据核字（2017）第 305750 号

责任编辑：卢　晶　　胡　佳
策划编辑：龙志丹　　高惠京　　　　责任终审：劳国强　　　　封面设计：王国都
版式设计：朱冬梅　　　　　　　　　责任校对：晋　洁　　　　责任监印：张京华

出版发行：中国轻工业出版社（北京东长安街 6 号，邮编：100740）
印　　　刷：北京博海升彩色印刷有限公司
经　　　销：各地新华书店
版　　　次：2019 年 2 月第 1 版第 4 次印刷
开　　　本：787×1092　1/16　印张：16
字　　　数：250 千字
书　　　号：ISBN 978-7-5184-1744-5　定价：68.00 元
邮购电话：010-65241695
发行电话：010-85119835　传真：85113293
网　　　址：http://www.chlip.com.cn
Email：club@chlip.com.cn
如发现图书残缺请与我社邮购联系调换
190082S1C104ZBW